AF567951

Georg Ebert

Anbau von Heidelbeeren und Cranberries

Georg Ebert

Anbau von Heidelbeeren und Cranberries

84 Farbfotos
8 Zeichnungen
36 Tabellen

Umschlagfoto:
Heidelbeeren – attraktive Früchte aus dem heimischen Anbau.

Georg Ebert, geb. 1957 in Köln. 1978 bis 1984 Studium der Agrarwissenschaften in Bonn. 1984 bis 1988 Wissenschaftlicher Mitarbeiter am Institut für Obstbau und Gemüsebau der Universität Bonn. 1989 Promotion (Dr. agr.). 1988 bis 1999 Wissenschaftlicher Assistent am Fachgebiet Obstbau der TU Berlin (ab 1993 Humboldt-Universität zu Berlin). 1999 Habilitation im Fach „Obstbau" an der Landwirtschaftlich-Gärtnerischen Fakultät der HU Berlin. 2000 bis 2003 Leiter des Fachgebietes Obstbau. Forschungsschwerpunkte: Physiologie der Obstgewächse, Nachernteverhalten, Obstbau der Tropen und Subtropen. Ab 2004 Selbstständiger Berater für internationale Landwirtschaft. Von 2005 bis 2009 internationaler Anwendungsberater in Asien, im Mittleren Osten und in Afrika für die K+S KALI GmbH, Kassel. 2009 bis 2016 Leiter der Forschungs- und Entwicklungsabteilung von COMPO Expert in Münster. Ab 2016 Direktor der Forschungsabteilung von DeltaChem in Münster.

Inhaltsverzeichnis

Vorwort 6

1 Die Vaccinium-Arten 8

1.1 Herkunft 8
1.1.1 Kulturheidelbeere 8
1.1.2 Cranberry 14
1.2 Geschichte und Entwicklung des Anbaus 15

2 Wachstum und Entwicklung der Pflanzen 19

2.1 Kulturheidelbeeren 19
2.1.1 Vegetative Organe und deren Wachstum 19
2.1.2 Blüte 22
2.1.3 Frucht 24
2.2 Cranberries 27
2.3 Inhaltsstoffe der Früchte 29

3 Anbauvoraussetzungen 35

3.1 Betriebliche Voraussetzungen 35
3.2 Klima 36
3.2.1 Temperatur 36
3.2.2 Niederschläge 39
3.2.3 Sonnenscheindauer 40
3.2.4 Weitere Klimafaktoren 40
3.3 Boden 40
3.3.1 Physikalische und chemische Eigenschaften 41
3.3.2 Organische Substanz 41
3.3.3 Mykorrhiza 42
3.3.4 Wasser und Nährstoffe 44
3.4 Anbauwürdige Sorten 46
3.4.1 Stand der internationalen Züchtung 46
3.4.2 Kulturheidelbeersorten 47
3.4.3 Cranberrysorten 56
3.5 Vermehrung von Vaccinium-Arten 59

4 Der Anbau von Vaccinium-Arten 73

4.1 Kulturheidelbeeren 73
4.1.1 Pflanzmaterial und Pflanzung 73
4.1.2 Pflege der Jungpflanzen 77
4.1.3 Formierung und Schnitt 78
4.1.4 Wasser- und Nährstoffversorgung 80
4.1.5 Weitere Pflegemaßnahmen in der Ertragsphase 92
4.1.6 Ernte 97
4.1.7 Schädlinge und ihre Bekämpfung 100
4.1.8 Krankheiten und ihre Bekämpfung 105
4.2 Cranberries 106
4.2.1 Pflanzmaterial und Pflanzung 107
4.2.2 Pflege der Jungpflanzen 108
4.2.3 Schnitt 108
4.2.4 Wasser- und Nährstoffversorgung 109
4.2.5 Weitere Pflegemaßnahmen in der Ertragsphase 111
4.2.6 Ernte 112
4.2.7 Schädlinge und ihre Bekämpfung 114
4.2.8 Krankheiten und ihre Bekämpfung 115
4.3 Weitere Vaccinium-Arten 118

5 Betriebswirtschaftliche Aspekte 120

5.1 Vaccinium-Arten im Obstbetrieb 120
5.2 Absatz 121

6 Lagerung und Verarbeitung 124

Anhang 130

Literaturverzeichnis 130
Bildquellen 137

Register 138

Vorwort

Das Vorwort zur ersten Auflage dieses Buches über Heidelbeeren und Cranberries im Jahr 2004 begann mit den Worten: „In aller Munde und doch so unbekannt ...“. Mittlerweile hat sich dies, zumindest was die Kulturheidelbeere betrifft, jedoch grundlegend geändert. Immer mehr Verbraucher kennen und schätzen Heidelbeeren als leckere und gesunde Bereicherung des Obstsortiments; viele haben auch schon auf den immer zahlreicheren Selbstpflückanlagen eigenhändig geerntet und auf diese Weise etwas über den Heidelbeerstrauch und seine Anbaubedingungen erfahren. So haben sich die blauen Beeren auf dem deutschen Obstmarkt heute als wichtigste Strauchbeerenart etabliert. Auch Cranberries rücken immer mehr in das Bewusstsein derjenigen, die sich gesund ernähren wollen. Ob die steigende Nachfrage nach ihren Früchten auch den Anbau in unseren Breiten weiterbringen wird, bleibt offen, da die Ansprüche der Cranberrykultur doch sehr speziell sind und nur von wirklichen Anbau-Enthusiasten zufrieden gestellt werden können.

Auch wenn sich sowohl der Verzehr als auch die Anbaufläche von Heidelbeeren in den vergangenen Jahren rasant entwickelt haben, besteht weiterhin noch viel Potenzial zur Erweiterung des Anbaus, denn noch liegt der Pro-Kopf-Verbrauch in Deutschland bei lediglich einigen 100 g im Jahr. Auch im weltweiten Maßstab gewinnen *Vaccinium*-Arten immer mehr an Bedeutung. So weitet sich ihr Anbau immer mehr von den klassischen Anbauländern USA und Kanada in neue Regionen, wie Südamerika (Chile), Europa und auch Asien, aus. Galt in den Anfängen des Heidelbeeranbaus der Standortfaktor Boden noch als absolute Begrenzung für eine erfolgreiche Kultur, so machen sich heute viele Betriebe durch die Nutzung von Pflanzcontainern oder den Austausch des natürlichen Bodens gegen geeignete Substrate vom Standort unabhängig und können so regional produzieren.

Kulturheidelbeeren und Cranberries gehören zur botanischen Gattung *Vaccinium*, deren Arten auf dem amerikanischen Kontinent heimisch sind und dort über einem sehr großen Verbreitungsraum zu finden sind. Dementsprechend können Heidelbeeren sowohl unter den Klimabedingungen Nordamerikas – die im Wesentlichen den unseren hier in Europa gleichen – als auch im subtropischen Süden der USA, z. B. in Florida, kultiviert werden. Ihre große ökologische Anpassungsfähigkeit wird der Heidelbeere deshalb auch in Zukunft eine wachsende Bedeutung unter den Obstarten sichern und ihre weltweite Verbreitung vorantreiben.

Der Anbau von Kulturheidelbeeren und Cranberries ist also weder bei uns in Europa noch weltweit am Ende seiner Entwicklung angelangt. Wer sich intensiv mit den botanischen Besonderheiten, den besonderen Standortansprüchen und den vielfachen Verwertungsmöglichkeiten auseinandersetzt, wird auch in Zukunft noch eine lohnende Investition in diese interessanten Obstarten tätigen können, zumal sich ihre Früchte zu Recht bereits fest in den Speiseplan ernährungsbewusster Verbraucher eingebracht haben.

Hier gelten Heidelbeeren und Cranberries im doppelten Sinne als Gesundobstarten: Zum einen wegen ihrer nachweislich positiven Wirkungen auf die Gesundheit des Menschen und zum anderen, weil sie als „Neulinge" im europäischen Obstsortiment als wenig bedroht, von Krankheiten und Schädlingen galten. Gegenüber Letzteren hat sich die Situation für die Heidelbeere jedoch mit der Ausdehnung des Anbaus grundlegend geändert, sodass Pflanzenschutzmaßnahmen heute eine größere Bedeutung erlangt haben. Trotzdem passen gerade Heidelbeeren perfekt in das Konzept der Direktvermarktung von Obst über den betriebseigenen Hofladen. Sie finden nicht nur als Frischobst – oft vom Kunden selbst gepflückt – sondern auch zu vielfältigen Produkten verarbeitet guten Absatz. Auch verarbeitete Cranberryfrüchte erfreuen sich zunehmender Wahrnehmung durch den Verbraucher. Letztlich ermöglicht die gute Lagerfähigkeit von Heidelbeeren und Cranberries eine wirtschaftlich lohnende Verlängerung der Angebotszeit bis in den Spätherbst.

Ich hoffe, dass dieses Buch ein wenig dazu beitragen kann, das Interesse an diesen einzigartigen Obstarten zu wecken und vielleicht sogar den einen oder anderen dazu anregt, sich mit dem Anbau zu beschäftigen, sei es im eigenen Garten oder sogar im Erwerbsbetrieb.

Potsdam, Herbst 2016
Georg Ebert

1 Die Vaccinium-Arten

1.1 Herkunft

Sowohl Kulturheidelbeeren als auch Cranberries sind keine europäischen Arten, sondern nordamerikanischer Herkunft. Obwohl sich die Früchte auf unseren Märkten zunehmender Bekanntheit erfreuen, werden sie häufig noch mit den heimischen Waldheidelbeeren (*Vaccinium myrtillus*) bzw. Preiselbeeren (*Vaccinium vitis-idaea*) verwechselt.

1.1.1 Kulturheidelbeere

Anbau und Verbrauch von Kulturheidelbeeren haben in den letzten Jahren weltweit deutlich zugenommen. Bei uns zählen sie zwar immer noch zu den Neuheiten, sie sind aber mittlerweile zum festen Bestandteil des Obstsortiments des Lebensmittelhandels geworden. Während Äpfel, Birnen, Kirschen und Pflaumen schon seit vielen Jahrhunderten in Europa angebaut werden, erfolgten die ersten Heidelbeerpflanzungen in Deutschland erst in den 30er-Jahren des vergangenen Jahrhunderts. In den USA wurden bereits um 1890 An-

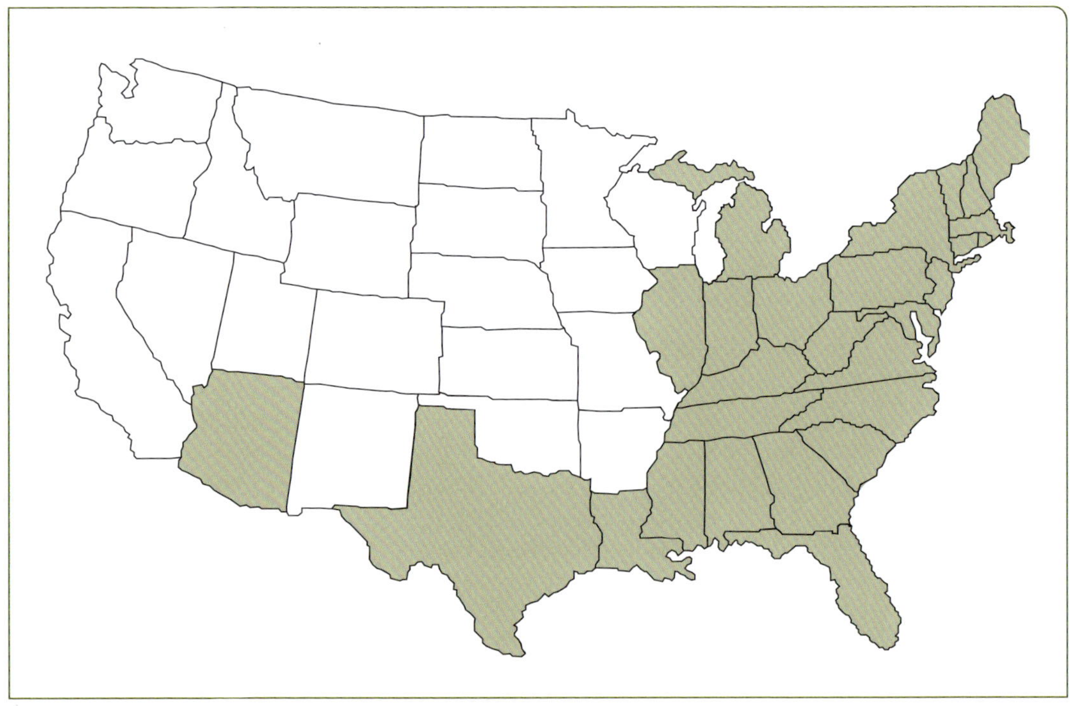

Abb. 1. Natürlicher Verbreitungsraum von *Vaccinium corymbosum* in den USA (nach U. S. Forest Service 2016).

Tab. 1. Die in Europa heimischen *Vaccinium*-Arten

Systematische Bezeichnung/ Ploidiegrad	Deutscher Name/ Englischer Name	Beschreibung
Vaccinium myrtillus/ Diploid	Waldheidelbeere, Blaubeere/ Whortleberry, Bilberry	Strauchhöhe bis 50 cm; kriechend; Stämmchen bis 15 mm dick; ausläuferbildend; spitz zulaufende, leicht gesägte, dünne Blätter; Laub abwerfend; Blüte grünlich weiß bis rosa; Früchte dunkelblau, bereift, roter Saft, Fruchtfleisch gefärbt
Vaccinium vitis-idaea/ Diploid	Preiselbeere, Kronsbeere/ Lingonberry	Strauchhöhe bis 30 cm; kriechend; Stämmchen bis 3 mm dick; ausläuferbildend; ledrige, ganzrandige Blätter; immergrün; Blüte weiß bis rötlich; Früchte rot
Vaccinium uliginosum Diploid/tetraploid	Rauschbeere, Moorbeere/ Alpine Blueberry, Bog Blueberry	Strauchhöhe bis 50 cm; kriechend; Stämmchen bis 15 mm dick; ausläuferbildend; Blätter blaugrün, ganzrandig; Laub abwerfend; Blüte weiß bis rötlich; Früchte schwarzblau, bereift, groß, ohne Geschmack
Vaccinium oxycoccus/ Tetraploid (auch hexaploid)	Moosbeere/ European Cranberry	Dünne, bis 50 cm lange, niederliegende Triebe, am Ende aufgerichtet; kleine, spitze Blätter bis 1 cm; immergrün; Blüte rosa; Früchte rot, 6 bis 8 mm

bauversuche mit Wildarten aufgenommen. Die dort im Jahr 1906 begonnene systematische Züchtungsarbeit resultierte 1920 in den ersten „Highbush Blueberry"-Sorten, deren hoch und aufrecht wachsende Sträucher große blaue Beeren mit gutem Geschmack lieferten.

Kulturheidelbeeren werden zusammen mit den Cranberries und auch unseren einheimischen Arten, wie der Waldheidelbeere (*Vaccinium myrtillus*), der Familie der Heidekrautgewächse (Ericaceae) zugerechnet, die vom nördlichen Polarkreis bis in die Tropen Südostasiens verbreitet ist. Die Gattung *Vaccinium* umfasst mehrere Hundert Arten, wobei die Meinung über die genaue Anzahl noch auseinandergeht, nach unterschiedlichen Literaturangaben sollen es zwischen 300 und 400 sein. Kulturheidelbeeren werden der Untergattung *Cyanococcus* („True Blueberries") zugeordnet, Cranberries der Untergattung *Oxycoccus* („Cranberries") und unsere europäischen Waldheidelbeeren der Untergattung *Euvaccinium*. In Europa kommen Vertreter der Untergattung *Cyanococcus* nicht wild vor. Allein in Nordamerika finden sich mindestens 50 Heidelbeerarten, während in Europa lediglich vier Arten heimisch sind.

Unter „Kulturheidelbeeren" verstehen wir also mehrere Arten bzw. Hybriden, die den Anbau in klimatisch sehr unterschiedlichen Regionen erlauben. Zur Klassifizierung werden die Formenkreise in Grup-

Tab. 2. Nordamerikanische *Vaccinium*-Arten, die als Kulturheidelbeeren angebaut werden

Systematische Bezeichnung/ Ploidiegrad	Englischer Name	Vorkommen/Beschreibung
Gruppe Highbush Blueberry (Hochbusch-Heidelbeere)		
Vaccinium corymbosum/ Tetraploid	(Northern) Highbush Blueberry	Nordost-Staaten der USA, südliches Kanada/ Strauchhöhe bis 5 m; bildet kräftige Einzelsträucher; große Blätter bis 8 cm lang; Früchte blau, bereift, 0,7 bis 1 cm groß, sehr guter Geschmack, Fruchtfleisch farblos
Gruppe Rabbiteye Blueberry (Kaninchenäugige Heidelbeere*)		
Vaccinium ashei/ Hexaploid	Rabbiteye Blueberry	Südost-Staaten der USA/Strauchhöhe bis 4 m; bildet kräftige Einzelsträucher; kleine Blätter; hitze- und trockenresistent; kurze Winterruhe; Früchte schwarz mit großen Samen
Gruppe Southern Highbush Blueberries (Südliche Hochbusch-Heidelbeeren)		
Vaccinium corymbosum × *V. darrowii* oder *V. ashei* Im Wuchs ähnlich wie *V. corymbosum*, sehr geringes Kältebedürfnis (< 500 h), kurze Fruchtentwicklungsphase		
Vaccinium australe/ Tetraploid	Southeastern Highbush Blueberry	Südost-Staaten der USA entlang der Atlantikküste/Strauchhöhe 2 bis 4 m; viele Wurzelschosser; bildet dichte Kolonien; große Blätter (2,5 × 5 bis 8 cm); Früchte blau, über 1 cm groß, sehr guter Geschmack
Gruppe Lowbush Blueberries (Niedrig wachsende Heidelbeeren)		
Vaccinium angustifolium/ Tetraploid	Low Sugar Blueberry, Late Lowbush Blueberry	Nordost-Staaten der USA, südliches Kanada/ Strauchhöhe bis 0,2 m; sehr kleine Blätter bis 2 cm lang; Früchte schwarzblau, bereift, sehr guter Geschmack
Vaccinium lamarckii/ Tetraploid	Lowbush Blueberry	Nordost-Staaten der USA, südliches Kanada/ Strauchhöhe bis 0,5 m; starke Ausläuferbildung; bildet dichte Bestände; kleine Blätter (2 bis 4 cm lang); Früchte blau, bereift, 0,5 bis 0,7 cm groß, sehr hoher Zuckergehalt
Vaccinium myrtilloides/ Diploid	Canada Blueberry, Velvet Leaf Blueberry	Kanada, nördliche Staaten der USA/Strauchhöhe bis 0,2 m; behaarte Blätter; Früchte metallisch-blau, saurer Geschmack
Gruppe Half-High Highbush Blueberries (Halbhohe Heidelbeeren)		
V. corymbosum × *V. angustifolium* (*Vaccinium* × *atlanticum*) Meist sehr kältetolerant, Anbau in nördlichen US-Staaten und in Kanada		

* Die Kaninchenäugige Heidelbeere hat ihren Namen nach der auffälligen Kelchregion der Frucht erhalten, die an das Auge eines Kaninchens erinnern soll.

Tab. 3. Weitere nordamerikanische *Vaccinium*-Arten

Systematische Bezeichnung/Ploidiegrad	Englischer Name	Vorkommen/Beschreibung
Vaccinium alto-montanum/ Tetraploid	Low Huckleberry	Ostküste der USA/Strauchhöhe bis 1 m, trockenresistent; Früchte hellblau, guter Geschmack
Vaccinium arboreum/ Diploid	Sparkleberry	Südost-Staaten der USA, Florida, Indiana, Texas/Busch oder kleiner Baum, bis zu 10 m hoch werdend, größte nordamerikanische *Vaccinium*-Art, kleine schwarz glänzende Beeren, toleriert hohen pH-Wert, Bedeutung in der Volksmedizin
Vaccinium constablaei/ Hexaploid	Constable's Blueberry	Südost-Staaten der USA/sehr groß, 6 bis 8 m Höhe (taxonomisch unsicher)
Vaccinium darrowii/ Diploid	Darrow's Blueberry	Südost-Staaten der USA (Florida)/immergrün, 1 bis 2 m hoch werdend; Zierstrauch; kein Kältebedürfnis, trockentolerant, blauschwarze Beeren; für Züchtungszwecke interessant
Vaccinium deliciosum/ Tetraploid	Cascade Bilberry, Rainiers Blueberry	Westküste der USA/bodendeckender, niedriger Strauch; dunkelblaue, sehr aromatische süße Früchte
Vaccinium elliottii/ Diploid	Elliott's Blueberry	Südost-Staaten der USA/3 bis 5 m Höhe; kleine, blaue, wohlschmeckende Beeren
Vaccinium hirsutum/ Tetraploid	Wooly Berry, Hairy Blueberry	Georgia, Tennessee, North Carolina/niedrig wachsender Strauch, 40 bis 60 cm hoch; dunkle, geschmacklose, behaarte Beeren
Vaccinium membranaceum/ Diploid	Mountain Blueberry, Square-twig Blueberry	Nordwest-Staaten der USA/Strauchhöhe bis 1,5 m; sehr trockenresistent; Früchte schwarz und groß, säuerlicher Geschmack
Vaccinium myrsinites/ Tetraploid	Shiny Blueberry	Südost-Staaten der USA/kleine Sträucher bis 1 m; schwarze Beeren
Vaccinium ovalifolium/ Tetraploid	Oval-leaf Blueberry	Nördliche Staaten der USA bis Alaska, Kanada/Strauchhöhe bis 3 m; sehr winterhart; kleine, hellblau bereifte Beeren
Vaccinium ovatum/ Diploid	(Western) Evergreen Huckleberry	Westliche Staaten der USA/Strauchhöhe bis 6 m; nicht sehr winterhart; immergrün; kleine, glänzend schwarze Früchte, aromatischer Geschmack; Laub wird zum Binden von Sträußen verwendet
Vaccinium pallidum/ Diploid	Dryland Blueberry, Early Lowbush Blueberry	Ostküste der USA/Strauchhöhe bis 2,5 m; trockenresistent; Früchte hellblau, guter Geschmack
Vaccinium parvifolium/ Diploid	Red Blueberry	Westküste der USA, Kanada/Strauchhöhe bis 2 m; gut schmeckende, hellrote Beeren
Vaccinium simulatum/ Tetraploid	Upland Highbush Blueberry	Nordalabama bis Virginia/kleiner Strauch bis 1 m Höhe; schwarze, glänzende Beeren
Vaccinium stamineum/ Diploid	Deerberry	Westküste der USA/Strauchhöhe bis 4 m; blauviolette Früchte mit parfümiertem Geruch
Vaccinium vacillans/ Diploid	Low Dryland Blueberry (Lowbush-Typ)	Nordost-Staaten der USA, südliches Kanada/Strauchhöhe bis 0,2 m, ausläufertreibend; Früchte schwarzblau, sehr guter Geschmack
Arctostaphylos uva-ursi/ Diploid	Bearberry, Kinikinik, (Gemeine Bärentraube)	Nordamerika, Skandinavien, Russland/immergrüner Bodendecker; rote mehlige Beeren; die nordamerikanischen Indianer verwendeten die Blätter zusammen mit Tabak zum Kinikinik-Rauchtabak

Tab. 4. Eigenschaften der verschiedenen Kulturheidelbeergruppen

Merkmal	Highbush Blueberry	Southern Highbush Blueberries	Rabbiteye Blueberry	Lowbush Blueberries
Blätter	Ganzrandig	Ganzrandig	Ganzrandig	Klein, gezähnt
Wuchshöhe und Habitus	3 bis 5 m, aufrechter Wuchs, Laub abwerfend	Wie Highbush	Bis 10 m, aufrechter Wuchs	Unter 1 m, oft kriechend, Rhizom, aus dem aufrechte Triebe entstehen
Bestäubung	Selbstfertil	Selbstfertil	Selbststeril	Selbstfertil
Früchte	Blauschwarz, weiß bereift, Saft farblos, 45 bis 75 Tage Reifezeit	Dunkelblau, kürzere Reifezeit als Highbush	Schwarzblau, größere Samen als Highbush, 90 Tage Reifezeit	Hellblau bis schwarz, geringere Fruchtqualität, 70 bis 90 Tage Reifezeit
Frosthärte (°C)	–25 bis –35	–15 bis –20	–20 bis –25	–25 bis –40
Kältebedürfnis (Stunden)	800 bis 1100	250 bis 500	350 bis 800	> 1000

pen eingeteilt, deren wichtigste Eigenschaften in Tabelle 4 zusammengefasst sind.

Die heute angebauten Kulturheidelbeersorten gehen überwiegend auf die hochwüchsigen nordamerikanischen Wildarten *Vaccinium corymbosum* (Northern Highbush Blueberry) und *Vaccinium australe* (Southeastern Highbush Blueberry) zurück, deren Sträucher Wuchshöhen von über zwei Metern erreichen. Daneben wurden auch kleinwüchsige Arten, wie *Vaccinium lamarckii* (Lowbush Blueberry), deren Büsche nicht höher als einen halben Meter werden, eingekreuzt. An der Entstehung des sogenannten nördlichen, tetraploiden Hybridkomplexes, zu dem *Vaccinium corymbosum* gerechnet wird, haben die diploiden Arten *Vaccinium pallidum*, *V. caesariense* und *V. atrococcum* sowie die tetraploiden *V. angustifolium*, *V. simulatum*, *V. brittonii*, *V. lamarckii*, *V. australe* sowie *V. marianum* beigetragen.

Die „Kulturheidelbeere" (*Vaccinium corymbosum*), die heute auch in Deutschland angebaut wird, gilt deshalb als sogenannte „Sammelart" mit einem großen Formenreichtum. Kulturheidelbeeren zeichnen sich durch ihre großen Früchte (Durchmesser bis 3 cm) und eine Wuchshöhe der Sträucher von 1 bis 3 m aus. Die älteren Heidelbeersorten stellen Auslesen aus den natürlich vorkommenden Wildbeständen Nordamerikas dar. Die Mehrzahl der aktuellen Sorten sind jedoch Produkte gezielter Kreuzungen zwischen den oben genannten und noch weiteren Arten.

Bemerkenswert ist der Zusammenhang von der Wuchskraft einer Art und der Anzahl ihrer Chromosomensätze. Während viele diploide

Ploidie

Die Gene von Tieren und Höheren Pflanzen sind überwiegend auf den sogenannten Chromosomen angeordnet, die im Zellkern zumeist in zweifacher Ausführung vorhanden sind (= diploid). Beim Austausch von weiblichem und männlichem Erbgut ist dies nützlich, da es sowohl bei Eizellen als auch Samenzellen zur Halbierung der jeweiligen Chromosomensätze kommt (= haploid). Diese werden bei der Befruchtung der Eizelle mit dem Partner ausgetauscht und es erfolgt eine Neuanordnung der Gene in der folgenden Generation. Bei einigen Arten hat sich im Laufe der Evolution der Chromosomensatz jedoch verdoppelt oder noch weiter vervielfältigt, sodass es zu Arten mit einem dreifachen (= triploid), vierfachen (= tetraploid) oder sechsfachen Chromosomensatz (= hexaploid) kam. Für den Pflanzenbau ist dabei interessant, dass diese Vervielfachung der Chromosomen im Zellkern (= Polyploidie) oft zu einem stärkeren Wuchs der Pflanze führt. Beispiele aus dem Obstbau sind triploide Apfelsorten ('Boskoop'), Essbananen (triploid) und tetraploide Beerenobstarten.

Arten (z. B. unsere Waldheidelbeere) nur niedrig wachsende Büsche hervorbringen, erreichen tetraploide Arten (z. B. Kulturheidelbeere) Strauchhöhen von mehreren Metern. Die hexaploide Art *Vaccinium ashei* wird ebenfalls sehr groß.

Von den im heutigen Anbau verwendeten Sorten, die vereinzelt noch direkt aus Wildselektionen stammen, überwiegend aber auf gezielte Züchtung zurückgehen, ist keine älter als 100 Jahre. Die meisten Sorten stammen aus den USA, daneben gibt es neue Kreuzungen

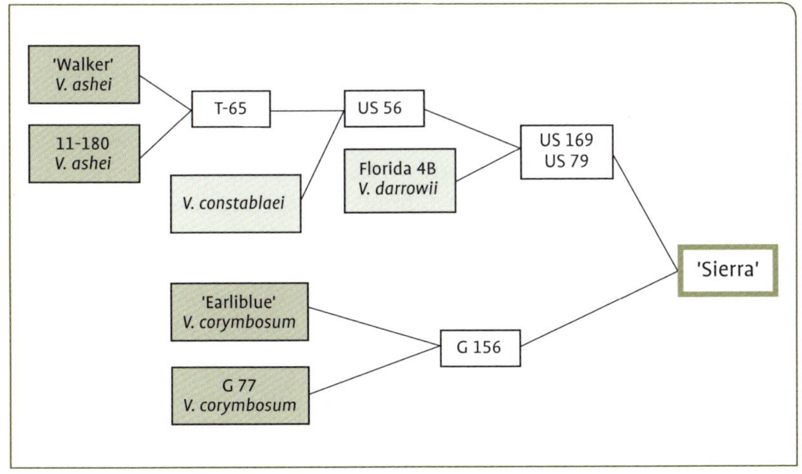

Abb. 2 Züchtungsschema der Kulturheidelbeersorte 'Sierra'.

aus Australien und Neuseeland. Die deutschen Züchtungsbemühungen kamen nach dem Beenden der Aktivität der Heidelbeerpioniere in den 50er- und 60er-Jahren des vorigen Jahrhunderts (u. a. des Züchters Wilhelm Heermann) weitgehend zum Erliegen, werden aber derzeit von engagierten Heidelbeerenthusiasten wieder aufgenommen.

Als Beispiel für die Komplexität der Herkunft einer Kulturheidelbeersorte kann der Züchtungsgang der neuen amerikanischen Sorte 'Sierra' angesehen werden. Diese Sorte trägt das Erbgut von mindestens vier Heidelbeerarten in sich.

1.1.2 Cranberry

Im Gegensatz zur Kulturheidelbeere, die überwiegend frisch verzehrt wird, ist die Cranberry eine Verarbeitungsfrucht. Die Kulturgeschichte der Cranberry reicht jedoch weiter zurück als die der Kulturheidelbeere. Erste Nachweise über das Sammeln und die Verwendung der Früchte gehen auf nordamerikanische Indianer zurück, die, wahrscheinlich angezogen von der intensiven Fruchtfarbe, Cranberries schon frühzeitig für die Zubereitung von Speisen und Getränken, aber auch zum Färben von Kleidung und für medizinische Zwecke nutzten. Bekanntestes Zeugnis für die frühe Verwendung von Cranberries in der Ernährung ist „Pemmikan", ein Vorläufer der heutigen „Energieriegel" für Sportler. Ein Brei aus zerkleinertem Fleisch, Fett und Cranberries wurde an der Sonne getrocknet und auf diese Weise konserviert, um in Notzeiten die Versorgung sicherzustellen.

In unseren Kulturkreis wurden Cranberries zu Beginn des 17. Jahrhunderts eingeführt, nachdem eine kleine Gruppe von europäischen Puritanern, die „Pilgrim Fathers", im Jahr 1620 mit ihrem Schiff „Mayflower" an der Küste von Neuengland landeten. Durch die Indianer lernten sie die nordamerikanische Flora zu nutzen und bezeichneten die ihnen bis dahin unbekannten Pflanzen mit den auffälligen roten Beeren – allerdings nach der Form der Blüte der Pflanzen – als Kranichbeere („Crane Berry"). Bald wurde bekannt, dass der Verzehr der Früchte vor mancher Krankheit schützt, so auch vor dem auf langen Schiffsreisen auftretenden Skorbut, einer Vitamin-C-Mangelerscheinung. Amerikanische Walfänger nahmen deshalb oft große Mengen der haltbaren Beeren mit an Bord, wenn sie zur Jagd in See stachen.

Die von Liebster in den 60er-Jahren des vergangenen Jahrhunderts für den deutschsprachigen Raum vorgeschlagene Bezeichnung „Kulturpreiselbeere" hat sich nicht durchgesetzt. Anbauer und Vermarkter bevorzugen den eingängigeren amerikanischen Namen „Cranberry".

Der natürliche Verbreitungsraum von Cranberries sind die Feuchtgebiete („Wetlands") Nordamerikas, zu denen Moore („Bogs"), Sümpfe („Mires"), Küsten- und Uferzonen („Headlands") und staunasse Wiesen gehören. Ausgedehnte Bestände von *Vaccinium macrocarpon* finden sich überwiegend im Osten der USA und Kanadas, etwa in einem Gebiet, dass im Norden von Minnesota bis Neufundland bzw. im Süden von Tennessee bis North Carolina reicht.

1.2 Geschichte und Entwicklung des Anbaus

Die Geschichte des Heidelbeeranbaus begann in den letzten Jahrzehnten des 19. Jahrhunderts, als nordamerikanische Farmer im Bundesstaat Indiana Sträucher von *Vaccinium corymbosum* aus Wildvorkommen aufpflanzten und die Art damit erstmals in Kultur nahmen. Etwas später wurden in einigen südlichen Staaten der USA (u. a. Florida) ebenfalls Heidelbeersträucher gepflanzt, wobei es sich hier jedoch um die wärmeliebende Art *Vaccinium ashei*, die „Rabbiteye Blueberry“, handelte. Der Beginn eines planmäßigen Anbaus bzw. der Züchtungsarbeit geht auf den Botaniker Frederick V. Coville (Washington) zurück, der 1906 umfangreiche Ausleseprogramme aus den Wildbeständen startete. Mit der Erstellung von ertragreichen und großfrüchtigen Sorten wuchs die Heidelbeeranbaufläche sehr rasch, besonders in den Oststaaten der USA. In den 50er-Jahren des vergangenen Jahrhunderts betrug die Anbaufläche in den USA bereits 8000 ha. In den 90er-Jahren wurden bereits in 36 Bundesstaaten der USA auf einer Fläche von über 20 000 ha Kulturheidelbeeren angebaut. Heute erreicht die Anbaufläche auf dem nordamerikanischen Kontinent annähernd 50 000 ha. Hinzu kommt noch eine große Fläche von Wildbeständen, die ebenfalls beerntet wird. Die mit Abstand größten davon finden sich mit über 25 000 ha im Bundesstaat Maine an der Atlantikküste. Aus diesen Wildbeständen werden in den USA und Kanada jährlich über 100 000 t Früchte gewonnen.

Der größte Anbau befindet sich heute in der kanadischen Provinz British Columbia sowie den US-Bundesstaaten Michigan, Georgia, Wa-

Tab. 5. Flächen und Erträge in den Hauptheidelbeerregionen der USA und Kanada im Jahr 2012* (Brazelton 2013)

Bundesstaat	Fläche (ha)	Ertrag (t)
British Columbia (Kanada)	10 330	52 210
Michigan	8 950	36 410
Georgia	5 750	32 230
Washington	4 600	32 230
Oregon	3 260	34 050
New Jersey	3 310	24 970
USA und Kanada gesamt	**48 830**	**266 540**

* alle Heidelbeerarten

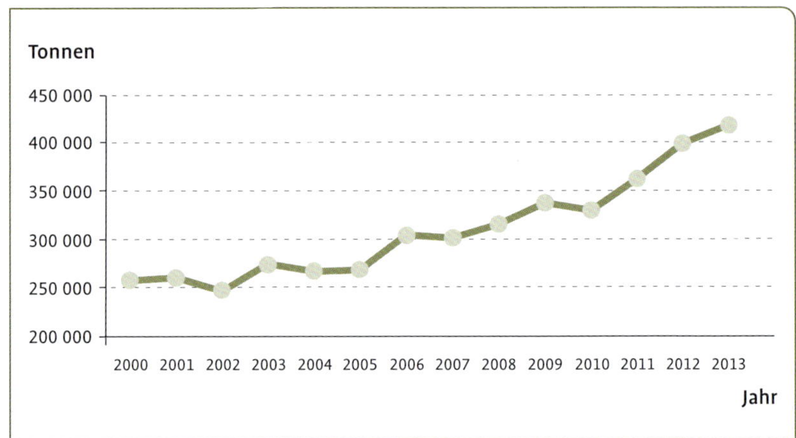

Abb. 3. Welterzeugung von Heidelbeeren (2000–2013).

shington, Oregon und New Jersey (vgl. Tab. 5). Durch diese große räumliche Ausdehnung beginnt die Heidelbeerernte in Nordamerika etwa Mitte April (Florida) und endet erst Ende September in Neufundland. Etwa 60 % der Welternte werden in Nordamerika produziert. Weltweit hat sich die Erzeugung von Heidelbeerfrüchten seit dem Jahr 2000 nahezu verdoppelt. Mit einer Steigerung von mehr als 5 % im Jahr werden heute jährlich etwa 450 000 t Heidelbeeren geerntet.

Im Jahr 1923 erfolgten in Europa erste Aufpflanzungen zum Zweck der Fruchtproduktion, und zwar in Holland. Die nordamerikanische Heidelbeere war jedoch schon zuvor in Europa als Zierpflanze bekannt, besonders deshalb, weil sich ihr Herbstlaub intensiv rot färbt.

In Deutschland ist der Anbau von Kulturheidelbeeren eng mit dem Namen des Züchters Wilhelm Heermann verbunden. Dieser Pionier der Heidelbeerkultur begann in den 30er-Jahren des vorigen Jahrhunderts mit der Anpflanzung von Hybriden, die er zuvor aus Kreuzungen von *Vaccinium-corymbosum-* mit *Vaccinium-lamarckii*-Herkünften erhalten hatte. Dabei gewann er zwei unterschiedliche Populationen von Sträuchern, die er einerseits dem hochwüchsigen „Corymbosum"-Typ und andererseits einem niedrig wachsenden „Pennsylvanicum"-Typ (= *V. lamarckii*) zuordnete.

Die erste Gruppe wurde als Blau-Weiß-Goldtraube bezeichnet, während die niedrigen Wuchsformen, die sehr süße Beeren produzierten, als Blau-Weiß-Zuckertraube bekannt wurden. Aus diesen Beständen wurden später u. a. die Sorten 'Blau-Weiß-Goldtraube 71' und 'Rekord' ausgelesen. Heermann und anderen, die sich um den Heidelbeeranbau verdient gemacht haben, wurde auf dem Beerenobstbetrieb Dierking in Nienhagen-Gilten ein Gedenkstein gesetzt.

Während um 1960 die westdeutsche Anbaufläche noch unter 100 ha betrug, hat sie heute im wiedervereinigten Deutschland etwa 2260 ha erreicht. Mit einer Jahresproduktion von über 10 000 t hat

Tab. 6. Anbau von Kulturheidelbeeren in Europa (2013)

Land	Fläche (ha)
Polen	3501
Deutschland	2260
Spanien	1235
Niederlande	634
Frankreich	397
Italien	348
Europa gesamt	**9761**

die Heidelbeere mittlerweile die Führungsposition im Strauchbeerenobst eingenommen. In Europa werden Heidelbeeren in größerem Umfang in Polen, Deutschland, und Spanien angebaut (Tab. 6).

Ein nennenswerter Anbau auf dem amerikanischen Kontinent findet neben den USA und Kanada in Chile (13 750 ha, 100 000 t Jahresernte) und Argentinien (3000 ha, 20 500 t) statt. Für den großen US-Markt ist der Anbau in Südamerika besonders interessant, da Länder auf der Südhalbkugel sogenannte „Off-Season-Früchte130" produzieren können und damit praktisch eine ganzjährige Versorgung mit frischen Heidelbeeren ermöglichen. Auch in Neuseeland und Australien gibt es größere Pflanzungen, die Anbaufläche in diesen Ländern liegt bei 1000 ha bzw. 700 ha. In China wurden in den vergangenen zehn Jahren mehr als 30 000 ha aufgepflanzt. Noch liegen die Ertragszahlen dort unter 1000 kg pro ha, jedoch dürften sich in China und in geringerem Umfang auch in Japan in naher Zukunft interessante Anbaumärkte entwickeln. In Russland und den Baltischen Staaten wird überwiegend *Vaccinium oxycoccus* angebaut bzw. gesammelt. Heidelbeersorten mit einer nicht zu langen Reifeperiode können auch erfolgreich im Südwesten Norwegens angebaut werden.

Ganz im Gegensatz zu Europa, spielt die Cranberry in den USA eine große Rolle in der Obstproduktion, besonders für die Getränkeindustrie. Nach Orangen- und Apfelsaft ist Cranberrysaft der meistgetrunkene Fruchtsaft in den USA. Entsprechend groß sind die dortigen Anbauflächen. Bereits 1854 sollen in Massachusetts auf 1586 ha Cranberries angebaut worden sein.

Der erste erfolgreiche Anbau geht auf Versuche von H. Hall im Jahr 1810 zurück. 1866 wurde der erste Verband der Cranberry-Farmer in den USA gegründet. Im Jahr 2002 betrug die Anbaufläche von Cranberries in den USA etwa 16 800 ha, auf denen ca. 220 000 t Früchte geerntet wurden. Die mit Abstand größte Cranberryfläche be-

Abb. 4. Karte des Heidelbeeranbaus in den USA.

findet sich im Bundesstaat Wisconsin (6500 ha), gefolgt von Massachusetts, New Jersey, Oregon und Washington. Die Flächenerträge liegen zwischen 10 und 15 t pro ha.

Wie hoch die jährliche Welternte an *Vaccinium-corymbosum*-Früchten insgesamt ist, kann nur schwer ermittelt werden, da viele unterschiedliche Arten in die Statistiken mit eingehen und oft auch nicht zwischen Heidelbeeren und Cranberries unterschieden wird. Darüber hinaus stammt ein Großteil der Ernte aus Wildbeständen. Die Schätzungen gehen deshalb von einer Welternte zwischen 400 000 und 500 000 t aus. Zum Vergleich: Weltweit werden jährlich etwa 8 Mill. t Erdbeeren und 80 Mill. t Äpfel geerntet.

Einen nennenswerten Anbau von Cranberries in Deutschland gibt es bislang nicht. Die größte Cranberrypflanzung befindet sich auf dem Beerenobstbetrieb Dierking in Nienhagen-Gilten mit einer Fläche von 15 ha.

Tab. 7. Cranberryproduktion in den wichtigsten Anbauländern USA, Kanada und Chile im Jahr 2015

Land	Ertrag (t)
USA	370 000
Kanada	150 000
Chile	20 000
Welt	550 000

2 Wachstum und Entwicklung der Pflanzen

2.1 Kulturheidelbeeren

Während einige *Vaccinium*-Arten meterhohe Großsträucher ausbilden können, wachsen andere als Bodendecker nur wenige Zentimeter hoch. Gemeinsam sind allen Arten die in der Farbe von hellrot bis tiefblau variierenden Beerenfrüchte, die eine Größe von bis zu 3 cm erreichen können.

2.1.1 Vegetative Organe und deren Wachstum

Kulturheidelbeeren sind ausdauernde Sträucher, die eine Wuchshöhe von mehreren Metern erreichen können, wobei der Wuchshabitus von Sorte zu Sorte stark variiert: Einige wachsen streng aufrecht, andere gehen mehr in die Breite und werden stark ausladend. Die Triebe, deren Holz hart und spröde ist, verzweigen sich je nach Sorte mehr oder weniger stark. Der Jahreszuwachs und damit auch die Ertragsleistung nehmen mit zunehmendem Alter ab, denn die Blüten werden vornehmlich an den Triebspitzen ausgebildet. Aus der Strauchbasis erscheinen während der Vegetationsperiode jedoch neue Bodentriebe, die zur Verjüngung des Strauches herangezogen werden können.

Wurzelsystem

Das Wurzelsystem der Heidelbeersträucher verläuft im Boden sehr flach. Die Wurzeln sind faserig, sehr dünn und stark verzweigt. Es

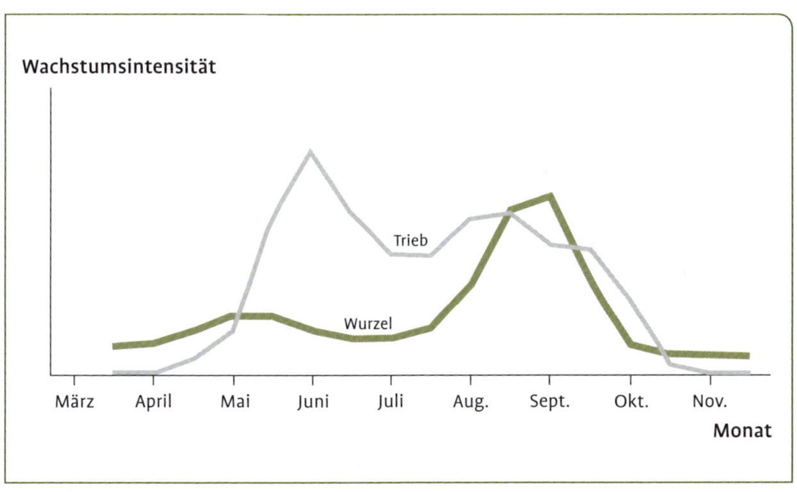

Abb. 5. Verlauf des Wurzel- und Triebwachstums im Jahresgang.

Abb. 6. Unterschiedliche Wuchsformen bei Heidelbeersorten: a) 'Berkeley', b) 'Bluecrop', c) 'Brigitta Blue', d) 'Duke', e) 'Nelson', f) 'Nui'.

Abb. 6. Unterschiedliche Wuchsformen bei Heidelbeersorten (Fortsetzung):
g) 'Puru',
h) 'Reka',
i) 'Spartan'.

fehlen ihnen die Wurzelhaare, die bei anderen Pflanzenarten für die Aufnahme von Wasser und Nährstoffen von großer Bedeutung sind.

Das Wurzelwachstum scheint zwischen 14 und 18 °C im Boden am stärksten zu sein, unterhalb von 8 °C wird es deutlich eingeschränkt. Wie bei anderen Obstgehölzen, treten auch bei Heidelbeeren zwei Zeitpunkte intensiven Wurzelwachstums auf, die unter unseren Klimabedingungen Anfang Juni und im September liegen und damit jeweils kurz vor bzw. nach dem Haupttriebwachstum.

Das Wurzelsystem ist bei der Wasseraufnahme nicht sehr effektiv, sodass der Strauch bei einsetzender Austrocknung des Bodens nicht mehr genügend Feuchtigkeit aufnehmen kann und sein Wachstum einstellt.

Blätter

Die Blätter stehen an den Trieben in wechselständiger Anordnung. Ihre Form ist länglich zugespitzt, die Blattränder sind meist glatt oder bei einigen Sorten auch ganz leicht gezähnt. Die Blattgröße variiert am Strauch in weiten Bereichen. Während die Blätter an den Seitentrieben meist nicht länger als 5 bis 6 cm werden, erreichen sie an den kräftigen Bodentrieben eine Länge von mehr als 10 cm. Die Frischmasse eines Blattes liegt bei 0,4 bis 0,5 g. Die Blätter sind oberseits dunkelgrün und kahl, während sich auf den Blattnerven der etwas helleren Unterseite eine leichte Behaarung zeigt. Ausschließlich auf der Blattunterseite befinden sich die Spaltöffnungen (= Stomata), die mit einer Dichte von 500 bis 600 pro mm^2 Blattfläche ähnlich zahlreich wie beim Apfel und anderen Baumobstarten sind. Etwa zu Mitte Juni haben Heidelbeersträucher ihre größte Blattfläche im Jahresverlauf entwickelt. Sehr niedrige Werte des Blattwasserpotenzials deuten zusammen mit der geringen Effektivität des Wurzelsystems darauf hin, dass Heidelbeersträucher auf eine gleichmäßig hohe Bodenfeuchte angewiesen sind und trockene Perioden nicht gut vertragen.

Bevor die Blätter im Spätherbst abgeworfen werden, nehmen sie eine leuchtend rote Herbstfärbung an, die den Sträuchern einen hohen Zierwert verleiht.

Aufgrund ihrer unterschiedlichen genetischen Herkunft zeigen verschiedene Heidelbeersorten stark voneinander abweichende Wuchsformen. Während beispielsweise 'Nui' von eher mittlerer Wuchskraft ist, entwickeln sich 'Spartan'-Sträucher dank ihres kräftigen Wachstums wesentlich schneller. In Abbildung 6 sind Sträucher von neun unterschiedlichen Sorten im Winter dargestellt, wobei alle Sträucher gleich alt sind.

2.1.2 Blüte

Die Blüten werden im Vorjahr angelegt; bei uns geschieht dies über einen längeren Zeitraum von Ende Juli bis Anfang September. Während der Herbstmonate wachsen und differenzieren sich die Blütenknospen und sind bereits im Winter fast vollständig ausgebildet. Anders als beim Kernobst, fallen Blüteninduktion und Fruchtreife bei der Heidelbeere zeitlich nicht zusammen. Zur Blüteninduktion sind die Früchte bereits abgeerntet und das vegetative Wachstum lässt nach. Der Entwicklungsverlauf von Heidelbeersträuchern ist in Abbildung 7 zusammengefasst.

Blütenknospen erscheinen überwiegend in den Spitzenbereichen der Triebe und weniger an der Triebbasis. In erster Linie blüht die Heidelbeere an Seitentrieben erster Ordnung. Man kann die Blütenknospen sehr leicht erkennen, weil sie viel kräftiger und runder ausgebildet sind als die kleinen, spitzen Blattknospen.

Eine Blütenknospe bringt bis zu 12 Einzelblüten hervor, die sich zu einem als „Doldentraube" bezeichneten Blütenstand entwickeln.

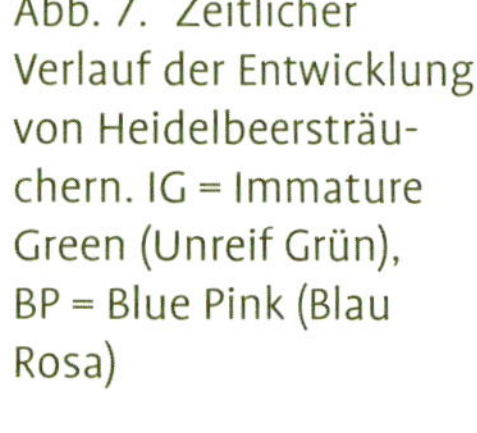

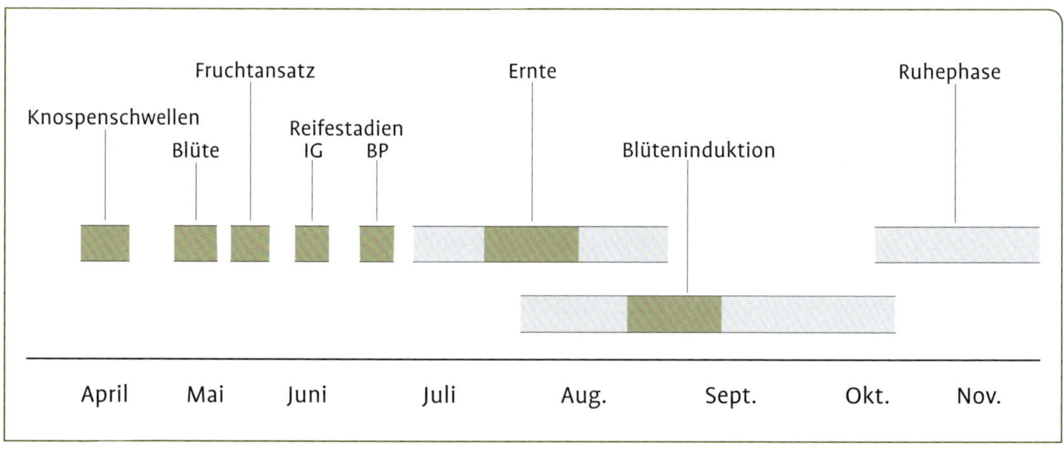

Abb. 7. Zeitlicher Verlauf der Entwicklung von Heidelbeersträuchern. IG = Immature Green (Unreif Grün), BP = Blue Pink (Blau Rosa)

Manche Sorten entwickeln auch mehrere solcher Blütenstände aus einer einzigen Knospe. Der spezielle Blütenstand, der sich dadurch auszeichnet, dass die unteren Blüten länger gestielt sind als die oberen und dadurch der Eindruck einer Dolde entsteht, wird botanisch als „Corymbus“ (= Doldentraube) bezeichnet. Er findet sich im Artnamen *Vaccinium corymbosum* wieder.

Unter den mitteleuropäischen Klimabedingungen blühen Kulturheidelbeeren vergleichsweise spät, die Hauptblüte liegt im langjährigen Mittel in den beiden ersten Maiwochen. Aufgrund von Sortenunterschieden erstreckt sich die Blüte in einer Anlage – je nach Witterung – über einen Zeitraum von bis zu vier Wochen.

Die Blütenknospen an den Triebspitzen öffnen sich als Erste; ebenso blühen innerhalb eines Blütenstandes zunächst die oberen, dann die basalen Einzelblüten auf. Die bis zu 20 mm lange Blütenröhre besteht aus fünf miteinander verwachsenen Blütenkronblättern, die zumeist leicht gelblich weiß bis zartrosa gefärbt sind.

Der unterständige Fruchtknoten wird von fünf grünlichen Kelchblättern umfasst, die auch noch auf der reifenden Frucht als fleischige Höcker erkennbar sind. Der Fruchtknoten besitzt einige Dutzend Samenanlagen; es sollen bis zu 80 je Blüte gezählt worden sein.

Die Sorten der bei uns anbauwürdigen Highbush-Blueberry-Gruppe sind selbstfruchtbar. Wie bei anderen Obstarten, wirkt sich eine Fremdbefruchtung jedoch positiv auf die Beerengröße aus. Experimentell wurde nachgewiesen, dass bei Fremdbefruchtung – im Vergleich zu Selbstbefruchtung – der Anteil großer Früchte stark ansteigt und sich die Reifedauer merklich verkürzt. Ein früher, qualitativ hochwertiger Ertrag kann für den Anbauer sehr vorteilhaft sein, nach amerikanischen Untersuchungen resultiert die durch Fremdbefruchtung erzielte Verfrühung und Steigerung der Beerengröße in einen Mehrertrag von mehreren Tausend US-Dollar pro Hektar.

Für den Fruchtertrag ist eine möglichst vollständige Befruchtung aller Samenanlagen von großer Bedeutung. Für die Bestäubung sind Insekten verantwortlich, wobei überwiegend Honigbienen, aber auch Wildbienen und Hummeln für die Übertragung des Pollens sorgen. Windbestäubung spielt kaum eine Rolle. Je mehr Samenanlagen befruchtet werden, desto schneller wächst die Frucht und desto größer kann sie werden.

Die Höhe des Fruchtansatzes variiert in weiten Bereichen. Im besten Falle wird von einem Fruchtansatz von 80 % berichtet, durchschnittlich sollte jedoch eher von 50 bis 70 % ausgegangen werden.

Werden im Versuch Honigbienen vom Besuch der Heidelbeerblüte abgehalten, indem z. B. Netze über die Sträucher gespannt werden, so geht der Fruchtansatz auf unter 20 % zurück. Damit kommt es zu starken Ertragseinbrüchen. Empfohlen wird deshalb, bis zu fünf Bienenvölker pro Hektar aufzustellen. In eigenen Versuchen wurden auch gute Erfahrungen mit zugekauften Hummelvölkern (*Bombus* sp.) gemacht. Hummeln haben den Vorteil, dass sie auch bei tieferen Temperaturen als die Bienen fliegen. Aufgrund ihres längeren Rüssels gelangen sie von oben an den Nektar am Blütengrund, wogegen Bienen dazu neigen, die Blüte von der Seite zu öffnen, um an den Nektar zu gelangen ohne dabei Pollen aufzunehmen.

Nicht immer muss eine geringere Anzahl an Samen pro Frucht auch ein geringeres Einzelfruchtgewicht zur Folge haben, denn durch die nach schlechter Befruchtung geringere Anzahl an Beeren pro Strauch können die verbliebenen Beeren größer werden. Dies konnte vor kurzem in Versuchen der Humboldt-Universität zu Berlin bestätigt werden.

Gelegentlich werden auch samenlose Früchte gefunden, die auf eine parthenokarpe Entstehung hinweisen. Bei ihnen hat keine Befruchtung der Samenanlagen stattgefunden.

2.1.3 Frucht

Botanisch gesehen sind Heidelbeerfrüchte tatsächlich „Beeren", denn sie sind in allen Teilen – mit Ausnahme der Samen – fleischig und unverholzt. Fruchtwachstum und Reife erstrecken sich je nach Sorte und Witterung über einen Zeitraum von 8 bis 16 Wochen. Dabei durchlaufen die Früchte drei Entwicklungsphasen. Zunächst nehmen die jungen Früchte nach der Befruchtung rasch an Größe zu, wobei dieses Wachstum in erster Linie auf Zellteilungen im Fruchtgewebe zurückzuführen ist. Diese Phase dauert etwa vier Wochen und wird durch eine scheinbare Wachstumsruhe abgelöst, in der die Frucht zwar kaum an Größe und Gewicht zunimmt, in ihrem Inneren jedoch die Samen bzw. die Embryonen Reservestoffe einlagern und reifen. Anschließend nimmt die Frucht wieder deutlich an Größe zu, wobei sich die Anzahl der Zellen jedoch nicht weiter erhöht. Die Zellen nehmen nun verstärkt Wasser auf und strecken sich. Zum Ende dieser Phase wechselt die Farbe der Fruchtschale von Grün über Blassgrün, Violett zum sortentypischen Blau. Gleichzeitig verändern sich nun die wertgebenden Inhaltsstoffe: Zucker werden aufgebaut bzw. eingelagert, Säuren werden dagegen abgebaut. Die typischen, geschmacksbildenden Aromastoffe werden erst zum Schluss der Fruchtreife gebildet.

Der weiße Reif auf den Früchten bildet sich mit dem Farbwechsel von Grün nach Violett bzw. Blau. Dieser Überzug wird durch mikroskopisch kleine Wachsteilchen hervorgerufen, die zunächst in der Fruchtschale gebildet werden, dann mit dem Transpirationsstrom auf die Fruchtoberfläche gebracht werden und sich dort anreichern. Für die Frucht hat diese Wachsschicht wahrscheinlich mehrere Schutzfunktionen: Sie bewahrt das Fruchtgewebe vor übermäßiger Erhitzung durch Reflexion des Sonnenlichtes, sie verhindert zu starke

Tab. 8. Reifestadien bei Heidelbeerfrüchten

Reifestadium (Englisch)	Deutsch	Fruchtzustand
IG = Immature Green	Unreif Grün	Vollständig grün und hart
MG = Mature Green	Reif Grün	Hellgrün bis weißlich, weicher
GP = Green Pink	Grün Rosa	Rosafärbung der Kelchregion
BP = Blue Pink	Blau Rosa	Beginnende Blaufärbung, Stielregion rosa
B = Blue	Blau	Blau, bis auf rosafarbenen Ring in der Stielregion
R = Ripe	Reif	Vollständig blau, bereift

Wasserverluste und sie bietet schließlich auch einen gewissen Schutz gegen das Eindringen mikrobieller Krankheitserreger. Das Regenwasser perlt von den wachsüberzogenen Früchten vollständig ab, sodass diese schnell abtrocknen und Schadpilzen keine guten Infektionsbedingungen bieten.

Für unsere Ernährung und den Geschmack der Früchte spielt der Wachsreif keine Rolle. Trotzdem achtet man darauf, ihn bei der Ernte möglichst nicht zu entfernen, denn einerseits sehen die hellblauen Früchte besonders attraktiv aus, andererseits ist er ein Zeichen dafür, dass sie schonend behandelt wurden.

Die dreiphasige Wachstumskurve, die auf Messung des Fruchtvolumens oder des Frischgewichtes beruht, lässt annehmen, dass es zur Mitte der Fruchtentwicklung zu einem Wachstumsstopp kommt. Neuere Untersuchungen, bei denen die tägliche Zunahme der gebildeten Trockensubstanz gemessen wurde, deuten jedoch darauf hin, dass das Fruchtwachstum mehr oder weniger kontinuierlich verläuft und dabei sehr stark von den äußeren Wachstumsbedingungen abhängt (z. B. der Wasserversorgung). Für die Praxis kann daraus abgeleitet werden, dass zu jedem Zeitpunkt der Fruchtreife der Nährstoff- und Wasserversorgung der Sträucher größte Aufmerksamkeit geschenkt werden sollte, denn hierdurch wird der Ertrag sowohl mengenmäßig als auch qualitativ gefördert.

Heidelbeerfrüchte reifen am Strauch und auch innerhalb des einzelnen Fruchtstandes nicht gleichzeitig, sondern folgernd aus. Interessanterweise hängt das Reifwerden weniger vom Zeitpunkt der Aufblüte ab als vom Befruchtungserfolg. Nach amerikanischen Untersuchungen ist die Reifedauer im Wesentlichen von der Anzahl der ausgebildeten Samen abhängig: Je mehr funktionsfähige Samen in einer Frucht vorhanden sind, desto kürzer ist die Zeit der Fruchtentwicklung. Dies wird von der Beobachtung unterstützt, dass kleinere Beeren oft später ausreifen als größere. Auch hier zeigt sich also wieder die Bedeutung der Befruchtung bzw. der pollenübertragenden Insekten!

Von Erntedurchgang zu Erntedurchgang nimmt die Fruchtgröße ab. Am Anfang werden die größten Früchte geerntet, bei der zweiten Ernte geht die Fruchtgröße auf 90 % zurück, bei der dritten auf 85 % und im letzten Durchgang auf 70 %, wie bei einer einmonatigen Ernte an Sträuchern von 'Bluecrop' ermittelt wurde.

Die Reifestadien der Früchte werden nach einem amerikanischen Schema in sechs Phasen eingeteilt, die sich nach dem äußeren Farbeindruck voneinander abgrenzen lassen.

Heidelbeeren gelten, ähnlich wie Äpfel, als klimakterische Früchte, die während ihrer Entwicklung zweimal einen Anstieg ihrer Atmungsrate verzeichnen, einmal mit Beginn der Blaufärbung im Übergang vom Stadium GP zu BP und im weiteren Verlauf im Stadium R, wenn die Früchte überreif werden. Die einzelnen Sorten unterscheiden sich im Zeitpunkt und in der Intensität des klimakterischen Atmungsanstieges sehr stark. In Phasen starker Respiration treten auch hohe Wasserverluste durch Transpiration auf, was besonders zur Vollreife zu erheblichen Qualitätseinbußen führen kann. Durch Ethylen bzw. Ethylenvorstufen (Aminocyclopropancarbonsäure = ACC) kann die Reife der Früchte beschleunigt und die Ernteperiode verkürzt werden.

Während des Farbwechsels kommt es zu einem raschen Aufbau von Zuckern, die überwiegend direkt aus den assimilierenden Blättern stammen. Gleichzeitig wird die Zitronensäure als dominierende Fruchtsäure abgebaut. Diese Prozesse verlaufen besonders intensiv, wenn die Früchte bereits eine blaue Färbung angenommen haben und sind für den Geschmackseindruck äußerst wichtig. Je 0,1 % abgebauter Säure erhöht sich die vom Konsumenten wahrgenommene Süße um 1 %, sodass ein Säureabbau von 1,2 auf 0,6 % einer Zunahme des Zuckergehalts von 6 % entspricht.

Mit einsetzender Blaufärbung beginnen die Früchte weich zu werden. Zu diesem Zeitpunkt haben sie etwa 70 % ihres Endgewichtes erreicht. Im Gegensatz zur europäischen Waldheidelbeere ist das Fruchtfleisch der Kulturheidelbeere farblos. Deshalb ist auch ihr Saft nicht färbend und Mund und Lippen nehmen beim Verzehr keine blaurote Färbung an.

Das Ertragsverhalten einzelner Sträucher zeigt eine deutliche Tendenz zur Alternanz. Dieses Phänomen eines reichen Fruchtansatzes, gefolgt von einer schwachen Fruchtbildung im nächsten Jahr, wurde auch in Wildbeständen von Heidelbeeren beobachtet. Eine hohe Ertragsleistung wurde bei der Sorte 'Elliott' einem sehr hohen Blatt-Frucht-Verhältnis zugeschrieben, was auf die Bedeutung einer großen und leistungsfähigen Blattfläche hindeutet.

2.2 Cranberries

Cranberries sind diploide (2n = 2x = 24) Pflanzen, wobei in Wildbeständen auch tetra- und hexaploide Pflanzen gefunden worden sind.

Die Cranberry ist, ähnlich wie die europäische Moosbeere (*Vaccinium oxycoccus*), ein Halbstrauch mit sehr dünnen, kriechenden Trieben („Ranken“). Die Pflanzen können sehr alt werden und mehr als 100 Jahre überdauern. Ihre kleinen – die Einzelblattfläche beträgt nur etwa 0,25 cm^2 –, länglichen bis eiförmigen Blätter werden zwei bis drei Jahre alt. Sie werden bei Trockenheit oder starkem Frost mehr oder weniger vollständig abgeworfen. Am Strauch verbleibende Blätter nehmen im Winter eine rotbräunliche Färbung an, das Blattgrün bildet sich dann im Frühsommer erneut aus. Die Spaltöffnungen der Blätter reagieren kaum auf Veränderungen der Umgebungsbedingungen, wie etwa der Temperatur oder der Sonneneinstrahlung. Dieser „xeromorphe“ Charakter hat zur Folge, dass Cranberryblätter den Wasserhaushalt der Pflanze nur schlecht regulieren und an wechselnde Bedingungen anpassen können. Die Pflanzen entwickeln während der Vegetationsperiode mehrere, bis zu einigen Metern lange, verholzende Triebe („runners“), die sich bewurzeln und für eine Verankerung im Boden sorgen. Die Wurzeln sind sehr dünn und dringen nur wenige Zentimeter tief in den Boden ein. Ebenso wie die Kulturheidelbeere, weisen die Wurzeln der Cranberry keine Wurzelhaare auf und bilden mit bodenbürtigen Pilzen eine Mykorrhiza aus.

Die Blüten werden überwiegend an kürzeren Trieben („Ständer“, „uprights“) angelegt, die bis 1 m lang werden und deren letztes Triebstück ca. 10 cm aufrecht wächst. Aus den gemischten Endknospen dieser Triebe können sich drei bis sieben Einzelblüten, Blätter und ein neuer Vegetationspunkt entwickeln. Unter günstigen Umständen gehen aus den Blüten bis zu drei Früchte pro Trieb hervor. Die unteren Blüten öffnen sich zuerst und erbringen die meisten und größten Früchte. Der schlechtere Fruchtansatz der übrigen Blüten wird in erster Linie durch gestörte Pollenkeimung bzw. unzureichendes Pollenschlauchwachstum hervorgerufen, ausgelöst durch Konkurrenz der einzelnen Blüten um Assimilate. Im Gegensatz zu Heidelbeeren soll die fördernde Wirkung einer Fremdbestäubung auf die Fruchtgröße bei Cranberries nicht so ausgeprägt sein. Deutlich weniger Blüten werden in den Endknospen der langen Ranken angelegt. Die Blühinduktion findet während der Vegetationszeit im Juli/August des Vorjahres statt.

Nach dem Aufbrechen der Knospen im Mai wird zunächst ein kurzes Triebstück ausgebildet, bevor sich die Blüten im Juni (bis Juli) entfalten. Ihre späte Blüte bewahrt die niedrig wachsende Cranberry unter unseren Klimabedingungen also recht zuverlässig vor Spätfrösten. Die Ständertriebe neigen sich unter ihrem zunehmenden Gewicht im Verlauf des Jahres zu Boden und tragen damit zur schnellen Ausbildung einer dichten Pflanzendecke („Matte“) bei. Die kurz gestielten Blüten stehen anfangs aufrecht und neigen sich nach einigen Tagen in Richtung Boden. Ihre Schönheit offenbaren sie aufgrund ihrer geringen Größe von etwa 1 cm erst beim genauen Hinsehen.

Die Bezeichnung „Kranichbeere“ („Crane Berry“) geht auf die an einen Kranichkopf erinnernde Silhouette der Blüte zurück. Bienen finden die Cranberryblüten jedoch nicht besonders attraktiv und bevorzugen andere Wildpflanzen. Den Pollen nehmen sie nur „nebenbei“ aus der Cranberryblüte mit, da sie in erster Linie Nektar aufnehmen. Hummelarten haben deshalb als Bestäuberinsekten die größere Bedeutung. Um Wildbienen und Hummeln in den Beständen zu halten, kann die gezielte Aussaat und Pflege von attraktiven Blütenpflanzen an den Feldrändern sehr nützlich sein.

Im Verhältnis zu den dünnen Trieben werden die Früchte erstaunlich groß. Ihr Durchmesser liegt zwischen 1,0 und 2,5 cm bei einem Fruchtfrischgewicht von 0,5 bis 1,5 g. Während ihrer etwa 100 Tage dauernden Reife legen sie täglich ca. 0,012 g zu. Interessanterweise wird das beste Wachstum der Beeren dann beobachtet, wenn während der Fruchtreife keine extremen Temperaturbedingungen herrschen. Als optimal wird ein Temperaturbereich zwischen 16 und 30 °C angesehen. Erstaunlich ist die lange Haltbarkeit der Früchte. Am Strauch belassen, behalten sie Farbe und Form über den Winter bis weit in das Frühjahr hinein, ähnlich wie wir das von Sanddornfrüchten kennen.

Wie bei den Heidelbeeren handelt es sich bei den Cranberryfrüchten ebenfalls um echte Beeren. Sie nehmen kurz vor der Vollreife eine intensive, korallenrote Schalenfärbung an. Das Fruchtfleisch ist jedoch zumeist weißlich, seltener gelblich oder rosa gefärbt. In vier Samenkammern befinden sich etwa 12 bis 25 dunkelbraune Samen. Aufgrund des hohen Luftanteiles der Frucht (35 %) hat diese ein spezifisches Gewicht von ca. 0,6 und schwimmt deshalb leicht auf dem Wasser.

Der Fruchtansatz von Ertragssorten soll bei 45 bis 55 % liegen, muss nach neueren Untersuchungen unter Praxisbedingungen mit 30 bis 45 % jedoch etwas niedriger angenommen werden. Entscheidend für das Ertragspotenzial ist die Anzahl fruchttragender Triebe je Flächeneinheit, d. h., sowohl die Anlage von Blüten als auch der Fruchtansatz sind die für den Ertrag wichtigsten Komponenten. In Versuchen wurden bis zu 2200 blühende Triebe pro Quadratmeter gezählt. 50 bis 80 Millionen Blüten können folglich auf einer 1 ha großen Cranberrypflanzung vorhanden sein. Geht man von drei Früchten je Trieb mit einem Einzelfruchtgewicht von 1 g aus, können theoretisch 6,6 kg pro m^2 oder 66 t pro ha geerntet werden. Tatsächlich kann in der Praxis bei guter Bestandesführung mit Erträgen von ca. 30 t pro ha gerechnet werden, wobei in Einzelfällen auch schon wesentlich mehr Früchte geerntet wurden. In den USA liegen die langjährigen Durchschnittserträge zwischen 15 und 25 t pro ha.

Der Ertrag ist sehr stark vom Fruchtertrag im Vorjahr abhängig. Einem sehr hohen Fruchtbehang kann ein wesentlich geringerer im nächsten Jahr folgen, sodass man auch bei Cranberries von einem alternierenden Ertragsverhalten sprechen kann. Amerikanische Forscher bringen dies mit dem Kohlenhydratgehalt der Triebe in Verbindung, der nur bei hohen Gehalten auch einen entsprechend guten Fruchtansatz erbringen soll. Die wachsenden Früchte befinden sich schließlich unterhalb des sich entwickelnden Neutriebes, aber über den einjährigen Blättern eines Ständertriebes. Für die Versorgung der Früchte mit Assimilaten ist überwiegend der Neutrieb zuständig.

2.3 Inhaltsstoffe der Früchte

Über die Inhaltsstoffe von Früchten und deren Bedeutung für die menschliche Ernährung gibt es eine Fülle von Büchern und anderen Informationsquellen. Einigkeit herrscht darüber, dass Obst gesund ist, über das „Warum?“ hingegen, wird lebhaft gestritten. Je nach Blickwinkel, werden Vitamine oder andere Inhaltsstoffe heute zunehmend als Stress mindernd und Krankheiten vorbeugend angesehen. Auch bei *Vaccinium*-Arten wird immer wieder die positive Wirkung der Früchte auf den Menschen hervorgehoben. Das Vorhandensein bestimmter Inhaltsstoffe wird sogar direkt zur Vermarktung der Früchte genutzt. So sollen bestimmte Vitamine in Heidelbeeren der Nachtblindheit vorbeugen und den Autofahrer bei nächtlichen Fahrten unterstützen.

Tatsächlich treten bei Heidelbeeren und Cranberries verstärkt einige sekundäre Inhaltsstoffe auf, die beim Menschen die Folgen von Stress und Erkrankungen mildern können. Man sollte jedoch die medizinische Wirkung von *Vaccinium*-Früchten nicht zu einseitig hervorheben, zumal die Kenntnisse hierzu noch sehr lückenhaft sind und darüber hinaus die Zusammensetzung der Fruchtinhaltsstoffe durch pflanzenbauliche Maßnahmen kaum zu beeinflussen ist. Da die für uns greifbare „Fruchtqualität“, d. h. Größe, Farbe, Zucker-Säure-Verhältnis, Geschmack sowie Freiheit von Krankheiten und Schädlingen, jedoch weitgehend in der Hand des Anbauers liegt, sollte auf diese Faktoren großer Wert gelegt werden. Schließlich werden die Früchte in erster Linie wegen ihres einzigartigen Geschmacks nachgefragt und weniger als Heilmittel. Über die wichtigsten Fruchtinhaltsstoffe von Kulturheidelbeeren informiert Tabelle 9.

Besonders feste Früchte bilden die Sorten ‘Duke’ und ‘Reka’, wohingegen ‘Puru’ und ‘Berkeley’ eher weichere Beeren haben. Das Einzelfruchtgewicht kann von 0,35 g (Sorte ‘Bluetta’) bis zu über 5 g (gemessen an einzelnen Beeren der Sorte ‘Spartan’) variieren. Im Mittel

Tab. 9. Fruchtinhaltsstoffe von Kulturheidelbeeren (je 100 g Frischmasse)

Inhaltsstoff	Gehalt
Energie	60 kcal/250 kJ
Wasser	83,0 g
Protein	0,6 g
Fett	0,5 g
Kohlenhydrate	14,0 g
Säure	0,9 g (als Zitronensäure)
Zellulose (Rohfaser)	1,0 g
Kalium	90 mg
Kalzium	13 mg
Phosphor	10 mg
Magnesium	7 mg
Natrium	2 mg
Bor	0,15 mg
Eisen	0,17 mg
Mangan	0,28 mg
Zink	0,11 mg
Kupfer	0,06 mg
Selen	0,6 µg
Polyphenole	0,25 g
Vitamin A	100 I.E.
Vitamin B_1 (Thiamin)	0,04 mg
Vitamin-B_2-Komplex: Riboflavin Niacin Pantothensäure Folsäure	 0,04 mg 0,30 mg 0,09 mg 6,41 mg
Vitamin B_6	0,036 mg
Vitamin C (Ascorbinsäure)	13,00 mg
Vitamin E (α-Tocopherol-Äquivalent)	1,00 mg

Tab. 10. Fruchteigenschaften von Kulturheidelbeeren

Eigenschaft	Mittelwert	Minimum	Maximum
pH-Wert	3,3	2,7	3,9
Lösliche Trockensubstanz (%)	12	10	14
Gesamtsäure (%)	1	0,4	1,5
Zucker/Säure	15	10	35
Einzelbeerengewicht (g)	1,8 g	0,35	4
Samen pro Frucht	65	30	80
Anteil der Samen (%)	0,75 (= 20 mg pro Frucht)		
1000-Samengewicht (g)	0,3 (0,32 mg pro Samen)		
Fruchtfleischfestigkeit (g/mm Verformung)	136	80	190
Chromafarbwert	13	11	15

wiegt eine Kulturheidelbeere etwa 2 g, während es Waldheidelbeeren (*Vaccinium myrtillus*) lediglich auf etwa 0,5 g bringen.

Bei den Zuckern überwiegen Glucose (48 %) und Fructose (49 %), während Saccharose (3 %) nur in einem sehr geringen Anteil vorkommt.

Der relativ hohe Säureanteil in den Früchten der Kulturheidelbeeren liegt als Zitronensäure, Äpfelsäure und Chinasäure in einem ungefähren Verhältnis von 8 : 1 : 1 vor, während das Säurenverhältnis bei unseren Waldheidelbeeren bei 3 : 1 : 3 liegt. Bei Früchten mit wenig Säure (z. B. Sorte 'Berkeley') liegt der Fruchtsäureanteil unter 1 %.

Der gesundheitliche Wert von Früchten wird heute beispielsweise auch in ihrer Fähigkeit gesehen, die bei Stress oder Krankheit auftretenden schädlichen Sauerstoffradikale im menschlichen Körper ausschalten zu können. Diese sogenannte Sauerstoffradikal-Absorptionsfähigkeit (ORAC = Oxigen Radical Absorbance Capacity) drückt sich in den Trolox-Äquivalenten aus. In diesem Zusammenhang sind die Phenole und die Anthocyanine, die blauen bis roten Farbstoffe, interessant.

Je höher der Phenolgehalt (z. B. Gallsäure) und je mehr Farbstoffe in der Fruchtschale vorhanden sind, desto höher ist auch das antioxidative Potenzial der Frucht. Heidelbeeren gehören zu den Früchten mit einer sehr hohen Stress mindernden Wirkung und wurden in einer vergleichenden Untersuchung zwischen Sauerkirschen und Brombeeren eingeordnet.

Tab. 11. Phenol- und Anthocyaningehalte sowie Trolox-Äquivalente (TÄ) von Heidelbeerfrüchten

Komponente	Gehalt
Anthocyanine	1 bis 3 (Cyanidin-3-glykosid-Äquivalente mg/g FG)
Phenole	0,5 bis 2,5 (Gallsäureäquivalente mg/g FG)
Chlorogensäure	3 bis 5 (mg/g FG)
ORAC (Oxigen Radical Absorbance Capacity)	10 bis 50 (µmol TÄ/g FG)
	100 bis 120 (mg/g FG)

Innerhalb der Gruppe der Phenole ist bei Heidelbeeren die Chlorogensäure mit Abstand die wichtigste Verbindung (bis zu 5 mg pro g Frischmasse), während sie in Cranberries fast vollständig fehlt. Hier ist p-Cumaroylglucose die bedeutendste Komponente.

Flavonole werden in der Ernährungswissenschaft nicht ausschließlich als gesundheitsfördernd angesehen. So haben sich die Verbindungen Quercetin, Kaempferol und Myrecitin in Gewebeversuchen als mutagen (= erbgutverändernd) erwiesen. Diese Stoffe finden sich u. a. in Cranberryfrüchten (Quercetin bis zu 25 mg pro 100 g frische Früchte), weniger in Heidelbeeren. Bei normalen Verzehrgewohnheiten sollte dies jedoch keine Rolle spielen und auch kein Gesundheitsrisiko darstellen.

Anthocyanine sind für die blaue Farbe der Fruchtschale verantwortlich. Ihre Gehalte variieren in einem weiten Bereich und liegen zwischen 0,06 und 0,21 g pro 100 g Frischmasse (FM). In dunkelfrüchtigeren Arten, wie *V. angustifolium*, können bis zu 0,26 g pro 100 g FM vorliegen. Die wichtigsten Anthocyanine sind Cyanidin, Delphinidin, Päonidin, Petunidin und Malvidin.

Heidelbeerfrüchte sind im Vergleich zu anderen Obstarten relativ arm an flüchtigen Verbindungen, die als Aromastoffe wirken. Die Gesamtgehalte liegen bei 0,1 mg pro 100 g, während bei Erdbeeren die 5-fache und bei Himbeeren die 60-fache Menge vorliegt. In Heidelbeerfrüchten wurden bislang ca. 50 verschiedene Verbindungen identifiziert, die im Wesentlichen zu den Estern und den Alkoholen gehören. Neben Hydroxycitronellol, das für den typischen Blaubeergeruch verantwortlich sein soll, kommen als Hauptbestandteile der Aromastofffraktion Linalool, Geraniol, Citronellol, Farnesol und Farnesylacetat vor.

Wie bei den Heidelbeeren sind auch bei Cranberries Anthocyanine für die Fruchtfarbe verantwortlich. Das leuchtende Rot wird in erster Linie von Cyanidin und Päonidin hervorgerufen. Der Anthocyaningehalt, der für die Saftbereitung von großer Bedeutung ist, hängt so-

Tab. 12. Fruchtinhaltsstoffe von Cranberries (je 100 g Frischmasse)

Inhaltsstoff	**Gehalt**
Energie	48 kcal/200 kJ
Wasser	87 g
Protein	0,3 g
Fett	0,4 g
Kohlenhydrate	4,2 g
Zitronensäure	1,1 g
Äpfelsäure	0,26 g
Chinasäure	0,75 g
Zellulose (Rohfaser)	1,6 g
Kalium	53 mg
Kalzium	13 mg
Phosphor	8 mg
Magnesium	5,5 mg
Natrium	2 mg
Eisen	0,4 mg
Mangan	0,6 mg
Zink	0,11 mg
Schwefel	5 mg
Chlorid	4 mg
Jod	0,005 mg
Benzoesäure	8 mg
Ellagsäure	15 mg
Anthocyanine	100 mg
Flavonole	20 mg
Vitamin A	40 I.E.
Vitamin B_1 (Thiamin)	0,015 mg
Vitamin-B_2-Komplex Riboflavin Nicotinsäure Pantothensäure	 0,003 mg 0,03 mg 0,025 mg
Vitamin B_6	0,01 mg
Vitamin C	30 mg
Vitamin H (Biotin)	Spuren

Tab. 13. Fruchteigenschaften von Cranberryfrüchten

Eigenschaft	Gehalt
Lösliche Trockensubstanz (%)	8,5 bis 10
Gesamtsäure (%)	2 bis 2,5
Zucker/Säure	4 bis 6
Einzelbeerengewicht (g)	1 bis 2,5
Luftanteil (Vol.-%)	35
Saftausbeute (%)	69 bis 80

wohl von der Sorte als auch von der Fruchtgröße (je größer, desto geringer die Konzentration) ab.

Die lange Haltbarkeit der Früchte steht möglicherweise mit ihren ungewöhnlich hohen Gehalten an freier Benzoesäure in Verbindung.

Die besondere gesundheitliche Bedeutung von Cranberryfrüchten begründet sich auch im Vorkommen von bestimmten phenolischen Inhaltsstoffen, die z. B. eine anticarcinogene Wirkung haben. So kommt in Cranberryfrüchten eine Phenolsäure vor, die Ellagsäure (Ellagitannin), die in ähnlich hoher Konzentration nur in Himbeeren, Brombeeren, Erdbeeren, Weißdorn und verschiedenen Nüssen enthalten ist. In zahlreichen Versuchen wurde die Wirksamkeit der Ellagsäure bei der Hemmung von Krebsgeschwüren in der Entstehungsphase nachgewiesen.

Medizinische Studien in den USA und Israel ergaben deutliche Positivwirkungen von Cranberrysäften bei der Prävention von Harnwegsinfektionen. Hier wird eine sogenannte „Anti-Klebkraft" als wichtiger Faktor angesehen, die das Anhaften von schädlichen Mikroorganismen an den Epithelzellen der Harnwege verhindern soll. Weiterhin können die im Cranberrysaft vorhandenen Tannine die Vermehrung von Bakterien unterdrücken und so, wie im Falle des *Helocibacter pylori*, die Entstehung von Magengeschwüren verhindern. Darüber hinaus wurden Wirkungen bei der Stärkung der Herzgesundheit (Flavonoide), bei der Verbesserung der Mundhygiene („Anti-Klebkraft", Proanthocyanidin) und sogar bei der Krebsprävention (Flavonoide) nachgewiesen.

3 Anbauvoraussetzungen

3.1 Betriebliche Voraussetzungen

Die Standorteignung für eine Kulturheidelbeerpflanzung sollte anhand der im Betrieb vorhandenen oder neu einzugliedernden Flächen beurteilt werden. Man sollte sich darüber klar sein, dass für Heidelbeeren grundsätzlich die gleichen Entscheidungskriterien gelten wie für alle anderen Obstarten:

- Lage und Form der Anbauflächen,
- Exposition, Hangneigung, Auftreten von Spätfrösten,
- Bodenverhältnisse,
- Wasserverfügbarkeit.

Besonders beim Boden scheiden sich bekanntlich die Geister: Braucht man einen jungfräulichen Heide- oder Waldboden oder kann die Pflanzung auf vorhandenen Betriebsflächen mit einem Bodenaustausch durchgeführt werden?

Während die Inkulturnahme neuer, bislang ackerbaulich ungenutzter Flächen auf harte Vorschriften hinsichtlich des Landschafts- und Naturschutzes stößt und kostenintensive Ausgleichsmaßnahmen nach sich zieht, kann eine Pflanzung in ein Kultursubstrat eigentlich überall, d. h. standortunabhängig, durchgeführt werden. Hier liegt auch eine betriebswirtschaftlich interessante Besonderheit der Heidelbeergewächse, die ja besonders gut auf leichten und sauren Böden gedeihen, Standorten also, die für andere Kulturen weniger geeignet sind. In der Nutzung von Grenzstandorten kann also eine Chance für eine ökonomisch sinnvolle Neupflanzung von Kulturheidelbeeren gesehen werden. Erfüllt eine gegebene Fläche die Mindestvoraussetzungen für den Anbau von Beerenobst, d. h. leicht zu bearbeitende Böden, geringe Spätfrostgefährdung, Möglichkeit zur Bewässerung usw., dann gibt es im deutschsprachigen Raum fast keine geographischen Einschränkungen für den Anbau von Kulturheidelbeeren. Von Süden nach Norden und mit zunehmender Höhenlage nimmt allerdings die Länge der Vegetationsperiode ab. In den norddeutschen Küstenregionen und in den Mittelgebirgen können deshalb Heidelbeersorten mit langer Reifezeit nicht vollständig ausreifen. Diesen Standortbedingungen kann man jedoch mit einer entsprechenden Sortenwahl Rechnung tragen. Tatsächlich finden sich auch in Deutschland Heidelbeerbetriebe an so unterschiedlichen Standorten wie der Lüneburger Heide, dem Havelland oder in Ostwestfalen. Eine vollständige Unabhängigkeit vom Standort erreicht man durch die Containerkultur, die besonders in den Niederlanden seit Jahren erfolgreich durchgeführt wird.

Der Arbeitskräftebedarf unterscheidet sich ebenfalls nicht erheblich von dem anderer Beerenobstkulturen. Arbeitsspitzen treten beim Schnitt und besonders bei der Ernte auf, die ohne Fremdkräfte nicht zu bewältigen ist. Während für das Schneiden von Heidelbeersträuchern im Ertragsalter etwa 50 bis 100 AKh pro ha zu veranschlagen sind, braucht man bis zu 2000 AKh pro ha für die Ernte, wenn man eine Pflückleistung von 5 kg pro Stunde und 10 t Fruchtertrag pro ha voraussetzt. Zu bedenken ist, dass sich die Erntekampagne bei Heidelbeeren über einen Zeitraum von zehn Wochen erstrecken kann und die Erntehelfer in dieser Zeit verfügbar sein müssen. Günstig ist hier, dass Heidelbeeren nach der frühen Erdbeer- und Süßkirschenernte, aber noch vor den Pflaumen reifen und somit nicht mit diesen konkurrieren. Dies ist besonders für Betriebe mit eigenem Hofladen oder mit Marktstand interessant, die mit Heidelbeeren eine Lücke in ihrem Frischobstangebot im Juli und August schließen und den Einsatz von Pflückkräften effektiv gestalten können.

Besonders interessant ist der Anbau von Kulturheidelbeeren sicher für solche Betriebe, die bereits Erfahrung im Anbau und Absatz von anderen Beerenobstarten haben. Hier besteht auch die Möglichkeit, vorhandene Geräte zu nutzen und damit besser auszulasten. Wer über ein Kühl- oder CA-Lager verfügt, kann bei entsprechender Sortenwahl über einen sehr langen Zeitraum frische Heidelbeerfrüchte anbieten.

3.2 Klima

Bei den klimatischen Anbauvoraussetzungen sei nochmals darauf hingewiesen, dass sowohl Kulturheidelbeeren als auch Cranberries nicht aus Europa stammen. Vielmehr erstreckt sich ihr natürliches Verbreitungsgebiet über mehrere Klimazonen des nordamerikanischen Kontinents. So ist in der Kulturart *Vaccinium corymbosum* Erbgut aus Herkünften, deren Heimaten zwischen dem 50. und dem 25. Grad nördlicher Breite liegen. Entsprechend unterschiedlich sind auch die klimatischen Ansprüche der verschiedenen Sorten. Die starke Variabilität innerhalb der Gattung *Vaccinium* ermöglicht es auf der anderen Seite jedoch auch, Sorten für den Anbau in unterschiedlichen Klimazonen auf beiden Halbkugeln der Erde zu erstellen. In Europa finden wir deshalb Heidelbeerkulturen von Norwegen bis nach Spanien.

3.2.1 Temperatur

Wie die meisten Laub abwerfenden Gehölze der gemäßigten Klimazone haben auch *Vaccinium*-Arten ein Kältebedürfnis, um ihre natürliche winterliche Ruhephase im Frühjahr zu beenden und den Wiederaustrieb einzuleiten. Für diesen Prozess müssen Temperaturen von etwa 0 bis +7 °C über einen längeren, pflanzenarttypischen Zeit-

Dormanz

Der Begriff Dormanz beschreibt die winterliche Ruhephase von Laubgehölzen. Eingeleitet durch die abnehmende Tageslänge und sinkende Temperaturen im Herbst kommt es in den Knospen zu einer Anreicherung von Reservestoffen sowie eines Hemmstoffes, der den frühzeitigen Austrieb aufgrund kurzer Warmphasen im Winter verhindern soll. Bei diesem Hemmstoff handelt es sich um das Pflanzenhormon Abscisinsäure. Während der Wintermonate wird diese Verbindung abgebaut, besonders effektiv im Temperaturbereich von 0 bis +7 °C. Im Frühjahr kommt es dann zu einem schnellen Anstieg der Indolylessigsäure, einem das Wachstum fördernden Hormon. Bei einem Kältebdürfnis von 1000 Stunden sind die Knospen bei uns etwa Mitte Januar potenziell austriebsbereit. Blüte und Frühjahrstrieb werden dann lediglich durch die tiefen Temperaturen zurückgehalten; erst eine gewisse Wärmesumme („Wärmebedürfnis“) führt die Gehölze dann in den Trieb.

raum einwirken, um die Dormanz (= Ruhephase) der Pflanzen aufzuheben. In dieser Zeit werden bestimmte Hemmstoffe in den Knospen abgebaut, die die Pflanzen wiederum vor einem zu frühzeitigen Austrieb bewahren sollen, der zu Frostschäden im Spätwinter führen könnte.

Die Kälteansprüche werden üblicherweise in Stunden ausgedrückt und liegen bei Kulturheidelbeeren je nach Sorte zwischen 250 und 1200 Stunden im kritischen Temperaturbereich zwischen 0 und 7 °C. Während das Thema „Kältebedürfnis“ für den Anbau in Deutschland von untergeordneter Bedeutung und damit auch kaum im Bewusstsein ist, setzt es dem Anbau von Heidelbeeren in den niederen Breiten Grenzen. So werden im warmen Süden der USA (z. B. Florida) nur solche Sorten angebaut, die ein möglichst geringes Kältebedürfnis besitzen. Ohne ausreichende Winterkälte wäre der Frühjahrsaustrieb verzögert und ungleichmäßig, weil der natürliche innere Wachstumsrhythmus der Pflanzen gestört ist. Durch das Einwirken von Kälte wird bei Heidelbeeren nicht nur das Wachstum der Blüten gefördert, sondern auch die spätere Bewurzelung von Stecklingen bei der Vermehrung.

Für die im südlichen US-Bundesstaat Georgia angebauten Rabbiteye-Sorten (*Vaccinium ashei*) wird ein Kältebedürfnis von 250 bis 700 Kältestunden angegeben, während die bei uns verwendeten Hochbuschsorten etwa 800 bis 1200 Kältestunden benötigen.

Der Eintritt in die Winterruhe wird neben der abnehmenden Tageslänge im Herbst auch durch die sinkenden Temperaturen gesteuert. Um den im Winter auftretenden Frost zu überstehen, müssen die

Sträucher im Herbst rechtzeitig den Abschluss des Triebwachstums vollziehen. Hierbei geht es vor allem um die Einlagerung von Reservestoffen (Kohlenhydrate, Stärke und Mineralstoffe) sowie eine gewisse „Reife“ der Triebe, die möglichst weitgehend verholzt und mit niedrigem Wassergehalt in den Winter gehen sollten. Heidelbeersorten, die erst sehr spät im Jahr mit dem Triebwachstum abschließen, erleiden im Winter Frostschäden und eignen sich deshalb nicht für den Anbau in unseren Breiten, was das verfügbare Sortenspektrum etwas einengt. Darüber hinaus können auch verschiedene Kulturmaßnahmen, wie übermäßige Bewässerung oder zu späte Stickstoffdüngung, eine unerwünschte Verlängerung der Wachstumsaktivität der Sträucher bewirken. Holzfrostschäden können in der folgenden Vegetationsperiode auch vermehrt Pilzinfektionen (z. B. *Botryosphaeria*) nach sich ziehen.

Die eigentliche Frosthärte von Heidelbeersorten variiert ebenso wie andere Merkmale in weiten Bereichen. Das Klima Mitteleuropas wird sowohl von maritimen als auch von kontinentalen Einflüssen geprägt. Demzufolge ist die Intensität der Winterfröste im Westen Deutschlands ganz anders als beispielsweise im Osten Polens. Da heute jedoch auch an sehr unterschiedlichen Standorten dieselben Sorten angebaut werden, ist dem Merkmal „Frosttoleranz“ wieder mehr Aufmerksamkeit zu schenken. Im Allgemeinen scheinen die heute angebauten Sorten über eine für deutsche Klimabedingungen ausreichende Winterhärte zu verfügen. Es ist aber zu bedenken, dass neue Sorten u. a. aus Ländern wie Neuseeland stammen, in denen keine strengen Fröste wie bei uns auftreten. In amerikanischen Anbaugebieten werden für winterkalte Lagen u. a. die Sorten ‘Bluecrop’, ‘Earliblue’, ‘Late Blue’ und ‘Rubel’ oder Sorten aus dem Formenkreis der Lowbush-Gruppe als sehr frosthart empfohlen.

Die Frosthärte von Heidelbeerknospen kann bis zu Temperaturen von −35 °C (experimentell ermittelt) hinunterreichen. Die meisten der heute verwendeten Kulturheidelbeersorten überstehen −25 °C während der Ruhephase problemlos. Interessanterweise ist die Frosthärte mit dem Auftreten bestimmter Eiweißverbindungen in den Knospen verbunden, die als Dehydrin-Proteine bezeichnet werden. Diese Proteine werden auch bei Trockenheit gebildet und dienen heute als „Biomarker“ für die Stresstoleranz; sie sind damit besonders für die Sortenzüchtung von großem Interesse.

Wesentlich empfindlicher als Triebe und Knospen sind die basalen Teile der Sträucher, d. h. der Wurzelhals und die Wurzel. Als typische Flachwurzler neigen Heidelbeeren dazu, die Masse ihrer Wurzeln in den oberen 20 cm des Bodens zu entwickeln oder sogar in aufgebrachte Mulchschichten einzuwachsen. Vor allem in kontinental geprägten Anbaugebieten ist deshalb auf einen zusätzlichen Schutz der Strauchbasis in Form einer ausreichend dicken Mulchschicht während der Wintermonate zu achten.

Spätfröste, die Blüten schädigen und damit zu Ertragsausfällen führen können, betreffen Kulturheidelbeeren dank ihrer relativ späten Blüte in Deutschland nicht ganz so stark wie andere Obstarten, z. B. Apfel und Steinobstarten. Im langjährigen Mittel liegt die Hauptblüte der Heidelbeersorten von Ende April bis Mitte Mai. Grundsätzlich sind die Blüten der niedrig wachsenden Heidelbeersträucher jedoch besonders in den ersten Standjahren durchaus spätfrostgefährdet. Dies trifft für die Cranberries weniger zu, deren Blüten sich zwar in unmittelbarer Nähe zum Boden entwickeln, dank ihres späten Aufblühens im Juni jedoch kaum mit Frösten in Berührung kommen.

In Georgia (USA) blühen die dort angebauten Rabbiteye-Sorten bereits Anfang bis Ende März. Sorten mit einem geringen Kältebedürfnis, die schon vor dem 15. März aufblühen, gelten in den Südstaaten als besonders spätfrostgefährdet.

3.2.2 Niederschläge

Ähnlich wie bei der Temperatur, sollte die Bewertung der Niederschläge einer Region differenziert erfolgen und stets die Herkunft der Sorten mit in die Überlegungen einbeziehen. Weniger die Höhe der Jahresniederschläge als mehr ihre Verteilung im Jahresverlauf ist hier von Bedeutung und für *Vaccinium*-Arten aus mehreren Gründen wichtig. Das flache Wurzelwerk der Pflanzen ist gegen Austrocknen besonders empfindlich. In den Heidelbeeranbaugebieten variieren die Jahresniederschläge zumeist zwischen 600 und 1000 mm pro Jahr. Bei ungünstiger Verteilung (z. B. bei Sommertrockenheit) dieser an sich ausreichenden Niederschlagsmenge kann eine Zusatzbewässerung erforderlich sein und ermöglicht in erster Linie eine Sicherung und Verbesserung des quantitativen und qualitativen Fruchtertrages. Wie im Kapitel „Boden“ (Seite 40) noch ausführlich beschrieben wird, sind Heidelbeeren und Cranberries auf eine im Jahresverlauf gleichmäßige Durchfeuchtung des Wurzelraumes angewiesen. Trockenheit während der Blüte führt zu einem deutlich verringerten Fruchtansatz und junge Früchte verrieseln bei unzureichendem Wasserangebot.

Staunässe im Boden schadet allen Gehölzarten, besonders in Phasen intensiven Wachstums. Im Vergleich zum sehr empfindlichen Steinobst sind Heidelbeeren jedoch deutlich weniger anfällig. Cranberries, bei denen in den USA das zeitweise Anstauen der Kulturfläche zu den üblichen Pflege- und Erntemaßnahmen gehört, sind zumindest kurzfristig tolerant gegenüber Bodennässe. Bei Staunässe ist nicht das Wasser im eigentlichen Sinne schädigend, sondern der durch das Verdrängen der Bodenluft entstehende Sauerstoffmangel, der den Stoffwechsel der Wurzel stark einschränkt. Unter Staunässe kann es auch zur Anreicherung schädlicher Stoffwechselprodukte in der Pflanze kommen.

3.2.3 Sonnenscheindauer

Die Bedeutung der Sonnenscheindauer für die Pflanzenentwicklung und die Ertragsbildung wird oft unterschätzt. In einer statistischen Analyse der meteorologischen Einflüsse auf den Ertrag bei Cranberries konnte festgestellt werden, dass sonniges Wetter im Mai und Juni die Beerenproduktion sehr günstig beeinflusst.

Kulturheidelbeeren brauchen für ein gutes Wachstum und die Ausbildung einer hohen Fruchtqualität in unseren Breiten volles Sonnenlicht. Beschattung vertragen *Vaccinium-corymbosum*-Sträucher, im Gegensatz zu den einheimischen Waldheidelbeeren (*Vaccinium myrtillus*), nicht. Trotzdem können auch in Gegenden mit einer relativ geringen Anzahl an Sonnenscheinstunden, wie Osnabrück (1300 Stunden pro Jahr), hohe Erträge mit guter Qualität produziert werden, eine optimale Kulturführung und geeignete Sorten vorausgesetzt.

3.2.4 Weitere Klimafaktoren

In exponierten Lagen kann starker Wind zu einem störenden Faktor werden, der junge Früchte durch Aneinanderreiben schädigt und hohe Wasserverluste der Sträucher nach sich ziehen kann. Im Winter kann es zusätzlich zu Frostschäden kommen, wenn die Pflanzen durch die Verdunstung stark unterkühlt werden. Windschutz, z. B. durch Hecken oder Baumstreifen, gehört deshalb zu den wichtigsten Maßnahmen zur Verbesserung der Standortbedingungen.

3.3 Boden

Über den Einfluss des Bodens auf das Wachstum von Heidelbeeren und Cranberries ist schon viel geschrieben und seine besondere Bedeutung als Standortfaktor hervorgehoben worden. Durch eine Überbetonung des Bodens wird jedoch der Blickwinkel eingeengt und es besteht die Gefahr, dass andere wichtige Aspekte der Heidelbeerkultur vernachlässigt werden. Es ist sicher nicht richtig, dass Heidelbeeren nur auf ganz speziellen, d. h. sehr sauren und jungfräulichen Böden gedeihen, sonst wäre wohl kaum ein erfolgreicher Anbau in den USA und Neuseeland möglich. Auch die Bedeutung der Mykorrhiza in der Anbaupraxis wird sicherlich überbewertet. Dabei soll keineswegs geleugnet werden, dass der pH-Wert des Bodens eine große Bedeutung für das Wachstum und die Entwicklung der Sträucher hat, er ist aber nicht der alles entscheidende Faktor. Wichtig für einen erfolgreichen Anbau ist vielmehr, den Sträuchern eine gemäß ihren Anforderungen optimale Pflege zukommen zu lassen.

Natürliche Standorte von *Vaccinium*-Arten sind oft Niedermoore, sie sind sehr sauer und nährstoffarm, besitzen jedoch einen hohen Anteil an organischer Substanz. Schon die Pioniere des Heidelbeeranbaus wiesen darauf hin, dass bei den Bodeneigenschaften nicht nur der pH-Wert beachtet werden sollte. So schreibt Liebster in seinem

Heidelbeerbuch aus dem Jahr 1961: „Ohne die überragende Wirkung des richtigen pH-Wertes für das Wachstum der Kulturheidelbeeren schmälern oder in Frage stellen zu wollen, sei mit einigen Autoren davor gewarnt, den Faktor pH-Wert einseitig überzubewerten. ... Geeignete Böden sind nicht nur sauer, sondern besitzen eine ideale Kombination von Feuchtigkeit, Luft, Humus und Nährstoffen. ... Es ist auch zweifelhaft, ob ein neutraler Boden an sich schon schädlich ist, oder erst dadurch, daß in ihm gewisse Nährstoffe, die nur in unzureichender Menge oder ungeeigneter Form vorhanden sind, absorbiert oder anderweitig festgelegt werden."

3.3.1 Physikalische und chemische Eigenschaften

Die Kenntnis der Böden in den natürlichen Verbreitungsarealen der Heidelbeeren kann dazu dienen, die grundlegenden Anforderungen der Pflanzen abzuleiten. Es ist damit jedoch nicht gemeint, dass Heidelbeeren unbedingt eine Kopie dieser Bodenverhältnisse auch für ihren Anbau benötigen.

Die physikalisch-chemischen Eigenschaften von *Vaccinium*-Böden lassen sich wie folgt zusammenfassen:

- hoher Anteil an luftführenden Grobporen,
- gleichmäßige Durchfeuchtung im Jahresverlauf,
- keine Verdichtungen im Wurzelbereich,
- niedriger pH-Wert und
- hoher Anteil organischer Substanz.

Untersuchungen an Rabbiteye-Sorten ergaben, dass mit steigendem pH-Wert des Bodens (von unter 5 bis 6,5) der Gesamt-Fruchtertrag deutlich zurückgeht, nicht jedoch der Anteil an vermarktungsfähiger Ware. Auch die Fruchtgröße wird nicht negativ beeinflusst. Bei niedrigem pH-Wert ist die Ausreife der Früchte im Zeitverlauf jedoch gleichmäßiger. Das vegetative Wachstum dagegen ist bei pH-Werten unter 5 am stärksten und geht linear mit dem pH-Wert-Anstieg zurück. Dabei treten deutliche Sortenunterschiede auf.

In Böden mit hohem Anteil organischer Substanz liegt der optimale pH-Wert zwischen 4 und 4,5, während er in mineralischen Böden, wo bei sehr sauren Bedingungen Aluminium- und Mangantoxizität auftreten kann, zwischen 5 und 5,5 liegen dürfte.

3.3.2 Organische Substanz

Da die organische Substanz im Boden einen ganz entscheidenden Faktor für das Gedeihen von *Vaccinium*-Arten darstellt, soll etwas näher auf die Natur dieser Bodenfraktion eingegangen werden. Aus sehr vielen Berichten wird deutlich, dass der Anteil an organischer Substanz im Boden und eine zufriedenstellende Pflanzenentwicklung eng miteinander verknüpft sind. Es scheint sogar so zu sein, dass auf

Organische Substanz

Der häufig verwendete Begriff „Organische Substanz“ umfasst alle lebenden Bodenorganismen, Pflanzenwurzeln, abgestorbene und zersetzte Materialien aus Lebewesen sowie neu gebildete organische (= kohlenstoffhaltige) Verbindungen im Boden. Nicht mit dazugerechnet werden größere Wurzelstöcke und Holzteile über 2 cm Durchmesser sowie Wirbeltiere. Hauptbestandteil der organischen Substanz ist der Humus, unter dem man die Gesamtheit der abgestorbenen Bodensubstanz versteht. Unter Grünland macht die Humusfraktion etwa 85 % der gesamten organischen Substanz aus. Die restlichen Anteile entfallen auf Pflanzenwurzeln (etwa 10 %) sowie tierische und pflanzliche Mikroorganismen (Pilze, Algen, Bakterien) und Regenwürmer (etwa 5 %). Nach seinen Funktionen im Boden unterteilt man den Humus in Nährhumus (weitgehend verrottet, leicht umsetzbar, hohe biologische Aktivität, Nahrungsquelle für Mikroorganismen) und in Dauerhumus (schlecht umsetzbar, hohe Ligninanteile, geringe biologische Aktivität, Bedeutung als Strukturelement und wichtig für die Wasserbindung).

reinem organischem Material, z. B. Torf, das Wurzelwachstum optimal ist. So wurde in eigenen Gefäßversuchen, in denen die Substratdurchwurzelung in Torf und Torf-Erde-Mischungen ermittelt wurde, die weitaus beste Wurzelentwicklung in reinem Torf beobachtet. Immer wieder wird darüber berichtet, dass auch durch Zugabe von Holzmaterial (Sägespäne, Rindenmaterial) zum natürlichen Boden das Wachstum von Heidelbeersträuchern verbessert werden kann. Für einen erfolgreichen und nachhaltigen Heidelbeeranbau sollte ein Humusgehalt des Bodens von 4 bis 5 % angestrebt werden.

3.3.3 Mykorrhiza

Wie viele andere Vertreter der Ericaceen, wachsen Heidelbeeren an ihren natürlichen Standorten auf sauren, relativ nährstoffarmen Böden. Ihr Wurzelsystem soll wegen der fehlenden Wurzelhaare bei der Wasser- und Nährstoffaufnahme nicht besonders effizient sein. Die Wurzeln der Wildheidelbeeren sind fast immer von bodenbürtigen Pilzen besiedelt, die mit ihrem Wirt eine für beide Seiten vorteilhafte Lebensgemeinschaft eingehen, die Mykorrhiza. Während der Pilz mit seinen Hyphen die Wurzeloberfläche vergrößert und dazu über die Bildung bestimmter chemischer Verbindungen für eine bessere Erschließung der Nährstoffvorräte des Bodens sorgt, liefert die Heidelbeerpflanze über die Photosynthese in den Blättern die energiereichen Kohlenhydrate, die der pilzliche Organismus nicht selbst produzieren kann. Pilze, die für die Ausbildung einer Mykorrhiza in

Mykorrhiza

Viele Pilzarten können mit Pflanzenwurzeln eine Lebensgemeinschaft eingehen, die für beide Seiten von Vorteil ist, eine sogenannte Symbiose. Bei einem Eindringen des Pilzes in die Pflanzenwurzel spricht man von einer Endo-Mykorrhiza, lebt der Pilzkörper weitgehend auf der Wurzel, liegt eine Ekto-Mykorrhiza vor. Bei der ericoiden Mykorrhiza (= die Form der Ericaceen) überwiegt der Endo-Typ. Da Pilze kein Blattgrün bilden können, sind sie nicht in der Lage, Photosynthese zu betreiben und Assimilate zu produzieren. Diese beziehen sie vielmehr von einer geeigneten Wirtspflanze und verhalten sich somit wie ein Parasit. Im Fall der Mykorrhiza erhält jedoch die Wirtspflanze eine Gegenleistung, da die Pilze sowohl die aktive Wurzeloberfläche vergrößern als auch durch Absonderung von speziellen Verbindungen Nährstoffe aus dem Boden aufschließen können und für die Pflanze nutzbar machen. Dies hat eine besondere Bedeutung für die Versorgung der Pflanze mit Stickstoff, Phosphor und Mikronährstoffen.

Frage kommen, wie *Pezizella ericae*, sind im Boden der natürlichen Vorkommen fast immer vorhanden, nicht jedoch in Pflanzsubstraten und in Böden, die lange ackerbaulich genutzt wurden. Bei Kulturheidelbeeren in Europa werden deshalb auch nicht bei jeder geprüften Pflanze Mykorrhizapilze nachgewiesen. Auch scheinen pH-Werte über 5 eine erfolgreiche Besiedelung von Heidelbeerwurzeln zu unterdrücken. In welchem Maße die Ausbildung einer Mykorrhiza das Wachstum und die Ertragsbildung positiv beeinflusst, ist keinesfalls eindeutig geklärt. Auch in Gefäßversuchen ergibt sich selten ein direkter Zusammenhang zwischen dem Grad der Mykorrhizierung und dem Nährstoffgehalt in der Pflanze bzw. deren Wachstum. Besonders ohne den Einsatz von Mulchauflagen geht der Besiedlungsgrad von Heidelbeerwurzeln mit steigenden Stickstoffgaben zurück. In amerikanischen Untersuchungen konnte aber auch nachgewiesen werden, dass auch das Mulchen selbst sowie Maßnahmen zur Bodenverbesserung (Substrataustausch, Zugabe von Holzabfällen) zu einem Rückgang der Mykorrhizierung führen können.

Wie auch immer die Beziehungen zwischen Pilzen und Pflanzenwurzel aussehen mögen, beide Organismen sind sicherlich seit langer Zeit aufeinander angewiesen. So baut der Ascomycetenpilz *Hymenoscylus ericae* im Boden aus den Pflanzenresten das Chitin ab und stellt den daraus gewonnenen Stickstoff der Pflanze wieder zur Verfügung. Chitin macht etwa 10 bis 40 % der pilzlichen Zellwand aus und kann in Moorböden bis zu einem Drittel der gesamten Stickstoffreserven darstellen. Unter sterilen Versuchsbedingungen vollzog sich die Stickstoffaufnahme von *Vaccinium macrocarpon* fast ausschließlich über die Mykorrhiza. Auch andere Pilzarten, wie *Oidiodendron*, die auf Pflanzen anderer Gattungen gefunden wurden, bildeten auf *V. macrocarpon* die typischen Strukturen der Ericaceen-Mykorrhiza aus. Es wird daraus geschlossen, dass auch auf einem einzigen Heidelbeerstrauch viele unterschiedliche Pilzarten bzw. Genotypen siedeln.

Ohne die Bedeutung der Mykorrhiza für das Pflanzenleben zu unterschätzen, sei an dieser Stelle nochmals darauf hingewiesen, dass Heidelbeeren in erster Linie an ihrem natürlichen Standort auf die Symbiose mit diesen spezialisierten Pilzen angewiesen sind. Trotz einer großen Anzahl von Untersuchungen konnte bei Kulturheidelbeeren unter den derzeit üblichen Anbaubedingungen keine eindeutige Wirkung der Mykorrhiza auf Wachstum und Fruchtqualität nachgewiesen werden.

3.3.4 Wasser und Nährstoffe

Die Bedeutung einer ausreichenden und ständig vorhandenen Bodenfeuchte kann nicht deutlich genug herausgestellt werden. „Split-Root-Experimente“, bei denen das Wurzelsystem eines Strauches auf zwei getrennte Gefäße verteilt wird, ergaben, dass die gut mit Wasser versorgte Strauchseite deutlich stärker wuchs als die Hälfte, die einem Wassermangel ausgesetzt war. Trockenheit bewirkte das Absterben vieler Blütenknospen sowie ein Ausbleiben der Neuanlage von Blütenknospen. Wie an anderer Stelle beschrieben, zeigen die morphologischen und physiologischen Eigenschaften der Blätter und Wurzeln keine Anpassung an wechselfeuchte Bedingungen, sodass bei einsetzender Trockenheit schnell hohe Wasserverluste und Blattschäden einsetzen können.

Überflutung wird im Gegensatz zu Trockenheit wesentlich besser toleriert. Hierbei sinkt der Sauerstoffgehalt der Bodenluft dramatisch ab, es kommt zu reduzierenden chemischen Bedingungen aufgrund des negativen Redoxpotenzials in der Bodenflüssigkeit und zu einschneidenden Veränderungen der mikrobiellen Aktivität. Nach amerikanischen Angaben sterben Heidelbeersträucher auch nach mehrmonatiger Staunässe während der Wintermonate nicht ab, zeigen aber einen späteren Eintritt in die Blüte und eine Verzögerung in der Blütenknospenentwicklung. Entscheidend ist offenbar der Zeitpunkt des Wasserstaus im Jahresverlauf: Je höher die Temperatur und je intensiver das Wachstum, desto kürzer tolerieren Heidelbeersträucher einen Wasserstau im Boden. Unter warmen Sommerbedingungen wurden an Heidelbeersträuchern die in Tabelle 14 beschriebenen Reaktionen beobachtet, die zeigen, wie schnell auch bei dieser als staunässetolerant angesehen Art Schäden auftreten können.

Erste Symptome einer ernsthaften Gefährdung der Pflanzen sind Blattvergilbungen und Rötungen, Blattabwurf und Absterben der

Tab. 14. Reaktionen von Kulturheidelbeeren auf Staunässe im Sommer

Tage der Überflutung im Sommer	Pflanzenreaktion
3	Wasserhaushalt messbar beeinflusst, Spaltöffnungen der Blätter schließen
5	Weniger Blütenknospen werden initiiert
7	Blattwachstum geht zurück
10	Welken der Blätter
15	Blattabwurf
20	Früchte schrumpeln
45 bis 120	Absterben der Sträucher

Triebspitzen. Unter staunassen Bedingungen treten auch gehäuft Krankheiten wie die *Phytophtora*-Wurzelfäule auf.

Die recht hohe Überflutungstoleranz soll u. a. in der Ausbildung vergrößerter Epidermiszellen begründet sein, die wie ein Aerenchym (= luftführendes Gewebe) in anderen staunässetoleranten Arten wirken soll. Gleiches wurde für die Rinde der Stämmchen beobachtet. Auch die Blätter haben bei staunassen Bedingungen mehr luftgefüllte Interzellularen (= Zellzwischenräume) im Schwammgewebe, die die Sauerstoffversorgung der Blattzellen erleichtern sollen.

Die hohe Überflutungstoleranz von Cranberries soll auf ihre Fähigkeit zurückgehen, unter Sauerstoffarmut Kohlenhydratreserven zu mobilisieren und so ihren normalen Stoffwechsel auch unter widrigen Bedingungen aufrecht zu erhalten. Verhältnisse, die eine ausreichende Reservestoffbildung beeinträchtigen, wie ein sehr hoher Fruchtansatz oder ein kurzer, kühler Sommer, verringern die Überflutungstoleranz entsprechend.

Im ackerbaulichen Sinne sind die natürlichen Standorte von *Vaccinium*-Arten absolute Grenzstandorte, die einige Besonderheiten in Bezug auf die Nährstoffversorgung der Pflanzen aufweisen. Die für Kulturheidelbeeren geeigneten Böden sollten einen Sandanteil von über 70 % Sand, weniger als 15 % Lehm und mehr als 4 % organische Substanz aufweisen. Nach dem aktuellen Bewertungsschema werden solchen Böden höchstens 15 bis 20 von 100 möglichen Punkten zugewiesen, sie sind also für die meisten Ackerbaukulturen wenig interessant. Der geringe Anteil an Feinsubstanz bedeutet auch zumeist einen niedrigen Gehalt an Nährstoffen, die zudem bei Niederschlägen leicht ausgewaschen werden können. Dies trifft besonders auf das Nährelement Magnesium zu. Hier kann ein hoher Gehalt an organischer Substanz dazu beitragen, Nährstoffe im Wurzelraum zu halten und für den Heidelbeerstrauch verfügbar zu machen. Die organische Bodenfraktion soll auch die bei sehr niedrigen pH-Werten bestehende Gefahr der Aluminium- und Mangantoxizität für die Pflanzenwurzeln abmildern, denn Aluminium und Mangan sind bei pH-Werten unter 4 im Boden sehr mobil, können dann leicht aufgenommen werden und die Pflanzen schädigen.

Leichte Böden sind zwar in vieler Hinsicht für Heidelbeersträucher optimal, dort besteht jedoch auch die Notwendigkeit, stets auf den Nährstoffgehalt des Bodens bzw. der Pflanze zu achten und bei Bedarf Nährstoffungleichgewichte auszugleichen. Für die Produktion von hohen Flächenerträgen ist besonders auf leichten Böden eine regelmäßige, bedarfsgerechte Düngung der Heidelbeersträucher erforderlich. Um dem Anspruch der Sträucher an einen niedrigen Boden-pH-Wert gerecht zu werden, sind versauernd wirkende Dünger wie Ammoniumsulfat zu bevorzugen.

3.4 Anbauwürdige Sorten

Wie eingangs beschrieben, beruhen die heutigen Kulturheidelbeersorten auf Wildselektionen bzw. Kreuzungen, die in der ersten Hälfte des vergangenen Jahrhunderts in den USA durchgeführt wurden.

3.4.1 Stand der internationalen Züchtung

Gemäß ihrer weltweiten Verbreitung werden neue Heidelbeersorten vor allem in den USA, aber auch in Neuseeland und Australien gezüchtet. Die züchterische Bearbeitung in Deutschland wird derzeit wieder aufgenommen. Sowohl bei Heidelbeeren als auch bei Cranberries werden heute auch moderne züchterische Methoden eingesetzt, um die langwierigen Züchtungsgänge zu verkürzen und gezielt gewünschte Eigenschaften einkreuzen zu können. Bei den Bemühungen um eine Verbesserung des vorhandenen Pflanzenmaterials spielen folgende Ziele eine besondere Rolle:

- Verbesserung der Fruchteigenschaften (Fruchtgröße: Durchmesser > 10 mm; Farbe: dunkel mit hellem Überzug; < 0,5 % Anthocyanine; > 10 % lösliche Trockensubstanz; Festigkeit > 70 g pro mm Verformung; Platzresistenz; Haltbarkeit; Aroma und Geschmack),
- Verbreiterung der ökologischen Anbaubreite hinsichtlich der Faktoren Klima (Kältebedürfnis) und Boden (hoher pH-Wert, Trockentoleranz),
- Resistenzen gegen Krankheiten und Schädlinge,
- Veränderung der Reifezeiten (späte Blüte und frühe Reife) und gleichmäßige Abreife.

In den USA existieren mehr als 100 Sorten, die Resistenzen gegen Krankheiten und Schädlinge besitzen. Die Resistenzgene wurden durch Einkreuzen von *Vaccinium angustifolium*, *V. elliottii*, *V. myrtillo-*

ides, *V. pallidum* in *V. corymbosum* und *V. ashei* eingeführt und richten sich u. a. gegen Rindenbrand (stem blight, *Botryosphaeria dothidea*), Zweigkrebs (stem canker, *Botryosphaeria corticis)* und Verzwergungskrankheit (blueberry stunt, eine Phytoplasmose).

Eine Verbesserung der Toleranz gegenüber hohen pH-Werten erzielt man u. a. durch Einkreuzen von *Vaccinium angustifolium*. Speziell für kältere Klimate wie in Kanada wurden „Half-High Blueberries" aus *Vaccinium corymbosum* × *Vaccinium angustifolium* gezüchtet. Es entstanden dabei kleinere, kompakte Sträucher, die auch eine hohe Schneelast im Winter überstehen können, z. B. die Sorte 'Northland'.

In den USA wird die Entwicklung neuer Sorten gezielt durch staatliche Programme des USDA-ARS (United States Department of Agriculture – Agricultural Research Service) koordiniert und gefördert. Bekannte, an der Züchtung beteiligte Institute befinden sich an den State Universities in Michigan, Ohio und North Carolina. In Deutschland dagegen geht die Weiterentwicklung von Sorten weitgehend von privater Initiative aus.

3.4.2 Kulturheidelbeersorten

Von den mehreren Hundert verschiedenen Kulturheidelbeersorten haben sich etwa 20 bis 30 weltweit durchgesetzt, die in größerem Umfang angebaut werden. Weltmarktführer ist immer noch die Sorte 'Bluecrop', die ihrerseits Gene der Wildselektionen 'Brooks', 'Grover', 'Rubel' und 'Sooy' mitbringt. 'Bluecrop' ging ursprünglich aus Kreuzungen von ('Jersey' × 'Pioneer') × ('Stanley' × 'June') hervor, die 1934 von Coville durchgeführt wurden. Wichtige Impulse für die Züchtung neuer Heidelbeersorten in den USA gingen von Frederick Coville (1867–1937), George Darrow (1889–1993) und Arlen Draper (geb. 1930) aus. Im Jahr 1941 konnte Darrow aus den Kreuzungsprodukten in Weymouth (New Jersey, USA) die ersten Pflanzen der späteren Sorte 'Bluecrop' auslesen und vermehren. Die Markteinführung war dann im Jahr 1952. Weniger die Beerenqualität als vielmehr ihre Eigenschaft, auf sehr unterschiedlichen Standorten zuverlässig hohe und regelmäßige Erträge von mindestens 3 kg pro Strauch zu erbringen, war die Grundlage ihres weltweiten Siegeszuges. 'Bluecrop' ist darüber hinaus kältehart, trockentolerant und wird wenig von Krankheiten und Schädlingen angegriffen.

Die Sortenwahl wird heute in erster Linie nach den Fruchteigenschaften (nur große Früchte zählen!), dem Ertragspotenzial und der Reifezeit ausgerichtet. Auf verschiedenen Standorten können sich die Sorten durchaus unterschiedlich verhalten, sodass keine allgemein gültige Empfehlung gegeben werden kann. In Norddeutschland erzielten z. B. 'Bluecrop' und 'Bluetta' im Langzeitsortenversuch überdurchschnittliche Erträge, während 'Berkeley' und 'Earliblue' unterdurchschnittlich abschnitten.

Neben den Sorten aus den USA finden wir für den mitteleuropäischen Anbau heute auch Sorten aus Neuseeland und Australien. Im Folgenden wird eine Auswahl aus dem großen Sortenspektrum näher beschrieben, wobei diese Sorten unter unseren Bedingungen fast uneingeschränkt anbauwürdig sind. Die Reihenfolge entspricht in etwa der Reifezeit. Sorten der wärmeliebenden Rabbiteye- und Southern-Highbush-Typen werden hier nicht aufgeführt, finden aber in den Tabellen 16 und 17 (auf den Seiten 56/57) Erwähnung. Sorten wie 'Ozarkblue' könnten für einen geschützten Anbau auch bei uns durchaus von Interesse sein, um z. B. die Erntesaison für frische Früchte vorzuverlegen.

'Earliblue'
Herkunft und Einführung: USA, 1952
Stammbaum: 'Stanley' × 'Weymouth'
Strauch: kräftiger, aufrechter Wuchs
Fruchtreife: früh, 1. bis 4. Woche, 8. Juli
Fruchteigenschaften: mittelgroß bis groß, hellblau, Geschmack mehlig, kein Verrieseln, geringe Transport- und Lagerfähigkeit
Besonderheiten: hoher Zierwert, leuchtend orangerotes Herbstlaub

'Bluetta'
Herkunft und Einführung: USA, 1968
Stammbaum: ('North Sedgewick Lowbush' × 'Coville') × 'Earliblue'
Strauch: niedrig, kompakt
Fruchtreife: früh, 1. bis 4. Woche, 9. Juli
Fruchteigenschaften: klein bis mittelgroß, weich, dunkelblau, Geschmack gut, mäßige Transport- und Lagerfähigkeit
Besonderheiten: früh einsetzender Ertrag, geeignet für Dichtpflanzungen

'Spartan'
Herkunft und Einführung: USA, 1978
Stammbaum: 'Earliblue' × US 11-93 (GM-37 × CU-5)
Strauch: starker aufrechter Wuchs, ausladend
Fruchtreife: früh, 1. bis 4. Woche, 12. Juli
Fruchteigenschaften: groß, mäßig bereift, leicht gestreift, sehr süß und viel Aroma, nicht lagerfähig
Besonderheiten: späte Blüte, hohe Bodenansprüche, zeigt leicht Blattchlorosen

'Reka'*
Herkunft und Einführung: Neuseeland, 1988
Stammbaum: ('Ashworth' × 'Earliblue') × 'Bluecrop'
Strauch: stark aufrechter Wuchs
Fruchtreife: früh, 1. bis 5. Woche, 12. Juli

Fruchteigenschaften: mittelgroß, kräftig blau, fest, sehr aromatisch, sehr gute Transport- und Lagerfähigkeit
Besonderheiten: benötigt regelmäßigen Schnitt wegen Gefahr des zu starken Fruchtbehangs
* bedeutet in der Sprache der neuseeländischen Ureinwohner „blau“

‘Nui’*
Herkunft und Einführung: Neuseeland, 1988
Stammbaum: (‘Ashworth’ × ‘Earliblue’) × ‘Bluecrop’
Strauch: gedrungener, flacher, später mehr aufrechter Wuchs
Fruchtreife: mittelfrüh, 2. bis 5. Woche, 14. Juli
Fruchteigenschaften: sehr groß (bis 3 g), kantig, sehr guter, säurebetonter Geschmack, sehr gute Transport- und Lagerfähigkeit
Besonderheiten: geringes Kältebedürfnis, gut geeignet für Unterglaskultur
* bedeutet in der Sprache der neuseeländischen Ureinwohner „groß“

‘Duke’
Herkunft und Einführung: USA, 1987
Stammbaum: (‘Ivanhoe’ × ‘Earliblue’) × 192-8 (E-30 × E-11)
Strauch: mittelstark wachsend, breit ausladend
Fruchtreife: mittelfrüh, 2. bis 4. Woche, 15. Juli
Fruchteigenschaften: mittelgroß, fest, hellblau, gute Transport- und Lagerfähigkeit
Besonderheiten: späte Blüte, benötigt regelmäßigen Schnitt wegen Vergreisungsgefahr

‘Patriot’
Herkunft und Einführung: USA, 1976
Stammbaum: (‘Dixi’ × ‘Michigan LB1’) × ‘Earliblue’
Strauch: klein (1,20 m), offener Wuchs
Fruchtreife: mittelfrüh, 2. bis 5. Woche, 15. Juli
Fruchteigenschaften: eher klein, hellblau, guter Geschmack
Besonderheiten: sehr winterhart, aber empfindlich gegenüber Frühjahrsfrost

‘Puru’*
Herkunft und Einführung: Neuseeland, 1988
Stammbaum: (‘Ashworth’ × ‘Earliblue)’ × ‘Bluecrop’
Strauch: aufrecht mit starken Trieben
Fruchtreife: mittelfrüh, 2. bis 5. Woche, 16. Juli
Fruchteigenschaften: groß, leuchtend hellblau, sehr guter Geschmack, etwas weich, gute Transport- und Lagerfähigkeit
Besonderheiten: sehr attraktiv aufgrund der großen, hellen Früchte
* bedeutet in der Sprache der neuseeländischen Ureinwohner „hell“

'Draper'
Herkunft und Einführung: USA, 2004
Stammbaum: 'Duke' × 'G751
Strauch: kräftig, aufrecht, geringe Verzweigung
Fruchtreife: mittelfrüh, 2. bis 5. Woche, 20. Juli
Fruchteigenschaften: feste Früchte, gute Geschmacks- und Lagereigenschaften, kompakte Abreife
Besonderheiten: gut an den schmalen, rauen Blättern erkennbar, ausgeprägt selbstfruchtbar

'Toro'
Herkunft und Einführung: USA, 1987
Stammbaum: 'Earliblue' × 'Ivanhoe'
Strauch: stark aufrecht
Fruchtreife: mittelfrüh, 3. bis 6. Woche, 26. Juli
Fruchteigenschaften: groß, hellblau, guter Geschmack, gute Transport- und Lagerfähigkeit
Besonderheiten: kompakte Abreife, nur zwei Erntedurchgänge erforderlich

'Bluecrop'
Herkunft und Einführung: USA, 1952
Stammbaum: ('Jersey' × 'Pioneer') × ('Stanley' × 'June')
Strauch: aufrecht, ausladend
Fruchtreife: mittelspät, 3. bis 7. Woche, 28. Juli
Fruchteigenschaften: mittelgroß, hellblau, fest, guter Geschmack, gute Transport- und Lagerfähigkeit
Besonderheiten: Standardsorte, sehr ertragssicher auf unterschiedlichen Standorten

'Nelson'
Herkunft und Einführung: USA, 1988
Stammbaum: 'Bluecrop' × G-107 (F-72 × 'Berkeley')
Strauch: mittlere Wuchsstärke
Fruchtreife: mittelspät, 4. bis 6. Woche, 28. Juli
Fruchteigenschaften: groß, dunkelblau, säurearm, nicht lagerfähig
Besonderheiten: hoher Ertrag

'Denise Blue'
Herkunft und Einführung: Australien, 1978
Stammbaum: freie Abblüte von 'Late Blue'
Strauch: relativ klein, kompakt
Fruchtreife: mittelspät, 4. bis 7. Woche, 30. Juli
Fruchteigenschaften: mittelgroß, außerordentlich guter Geschmack
Besonderheiten: einfache Ernte durch kompakte Abreife

'Berkeley'
Herkunft und Einführung: USA, 1949
Stammbaum: 'Stanley' × ('Jersey' × 'Pioneer')
Strauch: hoch, stark verästelt, Rinde gelbgrün, bildet kleine Baumkrone
Fruchtreife: mittelspät, 4. bis 6. Woche, 3. August
Fruchteigenschaften: sehr groß, sehr stark bereift, weich, sehr süß, mäßige Transport- und Lagerfähigkeit
Besonderheiten: hohe Blütenfrostanfälligkeit

'Coville'
Herkunft und Einführung: USA, 1949
Stammbaum: ('Jersey' × 'Pioneer') × 'Stanley'
Strauch: aufrecht, offener Wuchs
Fruchtreife: mittelspät, 5. bis 8. Woche, 4. August
Fruchteigenschaften: groß, sehr guter, säurebetonter Geschmack
Besonderheiten: selbststeril, für maschinelle Ernte geeignet

'Brigitta Blue'
Herkunft und Einführung: Australien, 1980
Stammbaum: freie Abblüte von 'Late Blue'
Strauch: aufrecht, wüchsig, stark verzweigt
Fruchtreife: spät, 5. bis 7. Woche, 8. August
Fruchteigenschaften: mittelgroß, hellblau, fest, süß-säuerlich, sehr gute Transport- und Lagerfähigkeit
Besonderheiten: erfolgreichste australische Sorte, an einigen Standorten evtl. geringe Winterhärte problematisch

'Chandler'
Herkunft und Einführung: USA, 1994
Stammbaum: 'Darrow' × M-23 ('Berkeley' × 18-9)
Strauch: aufrecht
Fruchtreife: spät, 5. bis 8. Woche, 10. August
Fruchteigenschaften: sehr groß, guter Geschmack
Besonderheiten: hohe Standortansprüche, problematisch im Anbau, geringe Winterhärte

'Darrow'
Herkunft und Einführung: USA, 1965
Stammbaum: ('Wareham' × 'Pioneer') × 'Bluecrop'
Strauch: stark verzweigt, in die Breite gehend
Fruchtreife: spät, 6. bis 9. Woche, 14. August
Fruchteigenschaften: sehr groß, sehr gutes Aroma, nicht lagerfähig, platzt leicht
Besonderheiten: sehr sonniger Standplatz notwendig, sonst keine Aromaentwicklung

'Elizabeth'
Herkunft und Einführung: USA, 1966
Stammbaum: ('Katharine' × 'Jersey') × 'Scammel'
Strauch: aufrecht, Strauchaufbau erinnert an Spalierobst
Fruchtreife: spät, 6. bis 9. Woche, 18. August
Fruchteigenschaften: groß, hellblau, fest, sehr aromatisch
Besonderheiten: reift in Norddeutschland nicht aus

'Liberty'
Herkunft und Einführung: USA, 2004
Stammbaum: 'Brigitta' × 'Elliott'
Strauch: kräftig und aufrecht, gute Erneuerung über Basistriebe
Fruchtreife: spät, 7. bis 9. Woche, 20. August
Fruchteigenschaften: mittelgroß, hellblau, sehr fest
Besonderheiten: benötigt Fremdbefruchtung für gute Erträge

'Elliott'
Herkunft und Einführung: USA, 1973
Stammbaum: 'Burlington' × ['Dixi' × ('Jersey' × 'Pioneer')]
Strauch: aufrecht
Fruchtreife: sehr spät, 8. bis 12. Woche, 26. August
Fruchteigenschaften: sehr klein und fest, mäßiger Geschmack
Besonderheiten: ideal für maschinelle Ernte, Aroma wird wegen der späten Reife oft nicht vollständig ausgebildet

'Aurora'
Herkunft und Einführung: USA, 2004
Stammbaum: 'Brigitta' × 'Elliott'
Strauch: weniger hoch aber ausladend
Fruchtreife: sehr spät, 9. bis 12. Woche, 30. August
Fruchteigenschaften: mittelgroß und fest, säurebetont
Besonderheiten: sehr gute Lagereigenschaften, reift nur bei ausreichenden Sonnenscheinstunden im Spätsommer aus

Tab. 15. Weitere Highbush-Sorten

Sorte	Land	Jahr der Einführung	Abstammung
Ama (= Heerma I)	D	Nach 1945	*V. corymbosum* × *V. lamarckii*
Angola	USA	1951	'Weymouth' × ('Stanley' × 'Crabbe 4')
Atlantic	USA	1939	'Jersey' × 'Pioneer'
Blau-Weiß-Goldtraube 23 und 71	D	1960	Sortenpopulation aus *V. corymbosum* × *V. lamarckii*
Blau-Weiß-Zuckertraube	D		Sortenpopulation aus *V. corymbosum* × *V. lamarckii*
Blau-Weiß-Rekord	D	1958	Auslese aus 'Blau-Weiß-Zuckertraube'
Bluechip	USA	1979	'Croatan' × US 11-93
Bluegold	USA	1988	'Bluehaven' × ('Ashworth' × 'Bluecrop')
Bluehaven	USA	1968	'Berkeley' × ('Lowbush' × 'Pioneer')
Bluejay	USA	1978	'Berkeley' × 'Michigan 241' ('Pioneer' × 'Taylor')
Blueray	USA	1959	('Jersey' × 'Pioneer') × ('Stanley' × 'June')
Bluerose	AU		
Bonus	USA	1995	
Bounty	USA	1988	'Murphy' × G-125 [F-72 ('Wareham' × 'Pioneer') × E-7 ('Berkeley' × 'Earliblue')]
Brooks	USA	Ca. 1920	Selektion aus Wildbestand *V. corymbosum*
Burlington	USA	1939	'Rubel' × 'Pioneer'
Cabot	USA	1920	'Brooks' × 'Chatsworth'
Calypso	USA	Neu	*V. corymbosum* × *V. darrowii*
Chanticleer	USA	1997	
Charlotte	USA		
Chatsworth	USA	Alt	Selektion aus Wildbestand von *V. corymbosum*
Chippewa	USA	1997	(G65 × 'Ashworth') × U53
Collins	USA	1959	'Stanley' × 'Weymouth'
Concord	USA	1928	'Brooks' × 'Rubel'
Crabbe 4	USA		Selektion aus Wildbestand von *V. corymbosum*
Croatan	USA	1954	'Weymouth' × ('Stanley' × 'Crabbe 4')
Dixi	USA	1936	('Jersey' × 'Pioneer') × 'Stanley'
Dunfee	USA	Alt	

Sorte	Land	Jahr der Einführung	Abstammung
Evelyn	USA		
Fraser	USA		
Friendship	USA	1990	Wildselektion aus *V. angustifolium* × *V. corymbosum*
Gila	D		
Greenfields	USA		
Greta	D		
Grover	USA	1911	Selektion aus Wildbestand *V. corymbosum*
Harding	USA	1912	
Hardyblue	USA		Auch bekannt als 16-13 A
Harrison	USA	1974	'Croatan' × US 11-93
Heerma (= Heerma II)	D	Nach 1945	
Herbert	USA	1952	'Stanley' × ('Jersey' × 'Pioneer')
Hortblue Poppins	NZ/D	2007	
Huron	USA		
Ivanhoe	USA	1951	('Rancocas' × 'Carter') × 'Stanley'
Jersey	USA	1928	'Rubel' × 'Grover'
Johnston	USA		
June	USA	1930	('Brooks' × 'Russel') × 'Rubel'
Katharine	USA	1920	'Brooks' × 'Sooy'
Kenafter	USA		
Kengrape	USA		
Kenlate	USA		
Late Blue	USA	1967	'Herbert' × 'Coville'
Legacy	USA	1995	'Elizabeth' × US 75
Little Giant	USA	1995	
Lulu	USA		
Maru	NZ	1991	Offene Abblüte von 'Premier' (Rabbiteye)
Meader	USA	1971	'Earliblue' × 'Bluecrop'
Megasblue	USA	Neu	
Morrow	USA	1964	'Angola' × 'Adams'

Sorte	Land	Jahr der Einführung	Abstammung
Murphy	USA	1950	'Weymouth' × ('Stanley' × 'Crabbe 4')
Northblue	USA	1983	B-10 (G65 × 'Ashworth') × US-3 ('Dixi' × 'Michigan Lowbush No. 1')
Northcountry	USA	1986	(G65 × 'Ashworth') × R2P4
Northland	USA	1967	'Berkeley' × ('Lowbush' × 'Pioneer')
Northsky	USA	1983	(G65 × 'Ashworth') × R2P4
Olympia	USA	1933	
Pemberton	USA	1939	'Katharine' × 'Rubel'
Pender	USA	1998	
Pioneer	USA	1920	'Brooks' × 'Sooy'
Polaris	USA	1996	'Bluetta' × (G65 × 'Ashworth')
Rahi	NZ	1991	Offene Abblüte von 'Premier' (Rabbiteye)
Rancocas	USA	1926	('Brooks' × 'Russell') × 'Rubel'
Richmond	USA		
Rubel	USA	1911	Selektion aus Wildvorkommen von *V. australe*
Russel	USA	Alt	Selektion aus Wildbestand von *V. angustifolium*
Sam	USA	Alt	
Scammel	USA	1931	
Sierra	USA	1988	US 169 {US 79 × US 79 [Fla 4B × US 56 (*V. constablaei* × *V. ashei*)]} × G-156 ['Earliblue' × G-77 ('Coville' × US 11-93)]
Sooy	USA	Alt	Selektion aus Wildbestand von *V. corymbosum*
St. Cloud	USA	1991	(G65 × 'Ashworth') × US 3
Stanley	USA	1930	('Brooks' × 'Sooy') × 'Rubel'
Sunrise	USA	1991	G-180 [G-100 ('Ivanhoe' × 'Earliblue') × 'Collins'] × Me-US 6620 {E-22 ['Earliblue' × No. 3 ('North Sedgewick Lowbush') × 'Earliblue']} × Me-US 24 [NH-1 ('Coville' × 'North Sedgewick Lowbush') × 'Earliblue']
Superior	USA		MN 5451 (wahrscheinlich G65 × 'Ashworth')
Taylor			
Titanium	USA	Neu	
True-Blue	USA	1943	Wildselektion
Wareham	USA	1936	
Weymouth	USA	1936	'June' × 'Cabot'
Wolcott	USA	1950	

Tab. 16. Auswahl an Rabbiteye-Sorten

Sorte	Herkunft	Abstammung	Bemerkung
Alapaha	USA		Früher T-256
Austin	USA		Standardsorte
Beckyblue	USA		
Bluebelle	USA		
Bluegem	USA		
Brightwell	USA	'Tifblue' × 'Menditoo'	Standardsorte
Briteblue	USA	'Ethel' × 'Callaway'	
Centurion	USA	W-4 × 'Calloway'	
Climax	USA		Standardsorte
Delite	USA		
Ethel	USA	Wildauslese aus *V. ashei*	
Maru	NZ	Offene Abblüte von 'Premier'	
New Murphy	USA		
Ochlockonoe	USA		
Pink Lemonade	USA		
Powderblue	USA	'Tifblue' × 'Menditoo'	
Premier	USA	'Tifblue' × 'Homebell'	Standardsorte
Rahi	NZ	Offene Abblüte von 'Premier'	
Tifblue	USA	'Ethel' × 'Clara'	Standardsorte
Woodard	USA	'Ethel' × 'Calloway'	

3.4.3 Cranberrysorten

Auf dem amerikanischen Markt gibt es heute etwa 200 Cranberrysorten. Die ersten Auslesen Mitte des 19. Jahrhunderts führten zu Sorten, die heute immer noch angebaut werden und die sich besonders zur Zubereitung der traditionellen Soße zum Truthahnbraten größter Beliebtheit erfreuen. Sie liefern kleine Beeren mit einem sehr intensiven Aroma. Ihre Namen erhielten sie nach ihrem Aussehen, der Reifezeit ('Early Blacks', 'Early Red') oder einem engagierten Cranberry-Anbauer. So wurde die Sorte 'Howes 1843' von Elias Howe aus Massachusetts ausgelesen, vermehrt und verbreitet. Neuzüchtungen, wie 'Bergman' oder 'Pilgrim', haben fruchtbarere Ranken und entwickeln größere und härtere Beeren. Sie sind eher für die maschinelle

Tab. 17. Auswahl an Southern-Highbush-Sorten (alle Sorten stammen aus den USA)

Sorte	Jahr der Einführung	Abstammung
Avonblue	1977	Florida 1-3 × ['Berkeley' × ('Pioneer' × 'Wareham')]
Bladen	1990	NC 1171 × NC SF-12-L
Blue Ridge	1987	'Patriot' × US-74 (Fla 4B × 'Bluecrop')
Cape Fear	1987	US-75 (Fla 4B × 'Bluecrop') × 'Patriot'
Cooper	1987	G-180 [G-100 ('Ivanhoe' × 'Earliblue') × 'Collins'] × US 75 [Fla 4B (*Vaccinium darrowi*) × 'Bluecrop']
Flordablue	1976	Florida 63-20 × Florida 63-12
Georgiagem	1986	G-132 (E-118 × 'Bluecrop') × US-75 (*V. darrowi* Klon Fla 4B × 'Bluecrop')
Gulfcoast	1987	G-180 [('Ivanhoe' × 'Earliblue') × 'Collins'] × US-75 (*V. darrowi* Klon Fla 4B × 'Bluecrop')
Jubilee	1994	
Magnolia	1994	
Marimba	1992	
Misty	1989	Fla 67-1 [E 30 ('Berkeley' × 'Earliblue') × Fla 61-7] × 'Avonblue'
O'Neal	1987	'Wolcott' × Fla 64-15
Ozarkblue	1996	G144 × FL 4-76
Pearl River	1994	Rabbiteye-Kreuzung
Reveille	1990	NC 1171 (G-111 × Fla 61-7) × NC SF-12-L ('Ivanhoe' × NC 297)
Sampson	1998	
Sharpblue	1976	Florida 61-5 × Florida 62-4
Star	1996	
Summit	1998	
Sunshineblue		Offene Abblüte von 'Avonblue'

Ernte und die Verarbeitung geeignet. Eine Auswahl gebräuchlicher Sorten ist in Tabelle 18 (Seite 58) aufgelistet. Alle Sorten stammen aus den USA.

Tab. 18. Auswahl an Cranberrysorten

Sorte	Jahr der Einführung	Abstammung	Bemerkung
Aviator	Neu		Spätsorte
Bain McFarlin			Frühsorte
Beaver	Alt	Wildauslese	Frühsorte
Beckwith	1950	'McFarlin' × 'Early Black'	Spätsorte, große Frucht
Ben Lear	1900		Mittlere Reifezeit, große Frucht
Bergman	1961	'Early Black' × 'Searles'	Sehr frühe Reife
Black Veil	Neu		Mittelfrühe Reifezeit
Bugle	Neu		
Centennial			Spätsorte
Centerville			Sehr späte Reife
CN		'Shaws Success' × 'Centennial'	
Cropper			
Crowley		'McFarlin' × 'Prolific'	Mittelspäte Sorte
Early Blacks	1852	Wildauslese	Hauptsorte, frühe Reifezeit, kleine Frucht
Franklin	1961	'Early Black' × 'Howes'	Mittelfrühe Sorte
Howes	1843	Wildauslese	Hauptsorte, spätreif, kleine Frucht
Jersey	Alt	Auslese	
Late Jersey	Alt	Auslese	
McFarlin	1874	Wildauslese	Hauptsorte, spätreif, kleine Frucht
Metallic Bell	Neu		
Middleboro			
Middlesex			
Pilgrim	1961	'Prolific' × 'McFarlin'	Spätsorte, große Frucht
Rezin			
Rhode Island			
Round Howes			Kleine Frucht
Searles (Jumbo)	1893	Wildauslese	Hauptsorte, mittelfrühe Reife
Shaw's Success			
Stankovich			Frühsorte, große Frucht
Stevens	1940	'McFarlin' × 'Potter'	Mittelspäte Sorte, große Frucht
Wilcox	1950	'Howes' × 'Searles'	Spätsorte, kleine Frucht

3.5 Vermehrung von Vaccinium-Arten

Alle *Vaccinium*-Arten lassen sich sowohl über Samen als auch mit vegetativen Methoden vermehren. Sämlinge spielen jedoch im Anbau kaum eine Rolle, da der Sortencharakter verloren geht und Sämlingspflanzen erst nach einigen Jahren zur Blüte kommen. Lediglich für die Züchtung ist das Anziehen von Sämlingen von Bedeutung.

Die sehr kleinen Samen der Heidelbeerfrucht – etwa 4000 Samen wiegen gerade mal 1 g – sind bereits zur Fruchtreife keimfähig, sie benötigen also keine Vernalisation (Einwirken einer längeren Kältephase). Ausgesät werden kann entweder direkt nach der Fruchternte oder erst im nächsten Frühjahr, denn die Samen bleiben über mehrere Jahre keimfähig. Aufgrund ihrer geringen Größe werden die Samen zweckmäßigerweise mit feinem Sand gemischt und mit diesem zusammen ausgebracht. Das Substrat sollte locker, feinkörnig und sauer sein; gute Erfahrungen wurden z. B. mit Torf-Sand-Gemischen gemacht.

Heidelbeersamen keimen zu 50 bis 80 %. Die Keimwurzel erscheint nach etwa 14 bis 35 Tagen, die Keimblätter nach drei bis acht Wochen und bis zur Entfaltung des ersten echten Laubblatts vergehen etwa sechs bis zehn Wochen. Die jungen Sämlinge werden im Kalthaus frostfrei überwintert und, je nach Aussaattermin, im Frühsommer in das Freiland oder in Container verpflanzt. Bereits nach dem Erscheinen des 10. bis 15. Blattes beginnt die Ausbildung von Seitentrieben, die den ursprünglichen Haupttrieb bald überwachsen und so für eine frühzeitige Verzweigung sorgen.

Als Pflanzmaterial für den Anbau kommen nur vegetativ vermehrte Sträucher in Frage. In erster Linie werden Heidelbeeren über verschiedene Methoden der Stecklingsgewinnung vermehrt, obwohl auch alle anderen bekannten Vermehrungsmethoden, einschließlich der Veredlung, erfolgreich angewendet werden können.

Sowohl Grünstecklinge als auch verholzte Triebstecklinge (Steckhölzer) werden von ausgesuchten und gesunden Mutterpflanzen gewonnen und in speziellen Vermehrungseinrichtungen bewurzelt.

Steckhölzer sollten möglichst von Trieben genommen werden, die keine oder nur wenige Blütenknospen besitzen und einen Durchmesser von 4 bis 6 mm aufweisen. Im englischsprachigen Raum bezeichnet man diese, etwa 50 bis 75 cm langen Triebe, als „Peitschen" (whips). Solche Peitschentriebe sind in Ertragsanlagen gar nicht so einfach zu produzieren, denn lange, nur mit vegetativen Knospen besetzte Triebe widersprechen dem Ziel der Fruchtproduktion. Für die Vermehrung optimal ist deshalb die Steckholzgewinnung von Mutterpflanzen, die stark zurückgeschnitten werden und – gut mit Stickstoff versorgt – über die nötige Wuchskraft verfügen, um ausreichend lange und kräftige Triebe auszubilden.

Abb. 8. Topfen von Heidelbeer-Grünstecklingen.

Abb. 9. Topfpflanzen im Freilandquartier.

Steckhölzer werden am besten im Frühjahr bis zum Knospenschwellen geschnitten und können dann entweder direkt gesteckt oder in einem kühlen Einschlag aufbewahrt werden. Werden die Steckhölzer bereits im Herbst nach dem Laubabwurf geschnitten, ist durch eine Kühllagerung bei 2 bis 4 °C das natürliche Kältebedürfnis der Knospen für ihren Austrieb sicherzustellen.

Abb. 10. Zweijährige Heidelbeer-Containerpflanze mit Tropfschlauch für die Bewässerung und Nährstoffversorgung.

Abb. 11. Heidelbeer-Containerpflanzen im Verband auf Abdeckfolie aus Bändchengewebe.

Abb. 12. Vermehrung von *Vaccinium myrtillus* im Gewächshaus.

Abb. 13. Blattstecklinge von *Vaccinium corymbosum*.

Zweckmäßigerweise werden Steckhölzer mit mindestens fünf Augen geschnitten, von denen beim Stecken nur die oberste oder die beiden oberen Knospen aus dem Substrat herausschauen dürfen. Die Schnitte werden so geführt, dass der untere unmittelbar unter einem Auge liegt und der obere Schnitt etwa 1 cm über einem Auge.

Abb. 14. Automatische Überkopf-Bewässerungseinrichtung.

Abb. 15. Anzucht von Containerpflanzen im Gewächshaus.

Steckhölzer, die von der Triebbasis stammen, bewurzeln sich generell besser als solche von den oberen Triebabschnitten. Bewurzelungshormone, wie sie in handelsüblichen Bewurzelungspräparaten vorhanden sind, können die Wurzelbildung deutlich fördern. Nach erfolgter Bewurzelung werden die Stecklinge dann Anfang Herbst entweder in Töpfe oder ins Freiland gepflanzt.

Die Anforderungen an das Bewurzelungssubstrat sind die gleichen wie bei der Aussaat: saure Reaktion, hoher Anteil organischer Bestandteile, gute Luftführung, aber auch eine ausreichende Wasserhaltefähigkeit müssen gegeben sein. Erreicht wird dies durch Mischen verschiedener Materialien, wie Torf, Laubstreu oder Sägemehl, mit Sand oder Vermiculit. Die Steckhölzer können sehr dicht gesteckt werden, etwa im Abstand von 5 × 5 cm.

Bis zur Entwicklung der Wurzeln können je nach Sorte und Temperatur 8 bis 15 Wochen vergehen. Besteht die Möglichkeit, das Substrat zu erwärmen, verkürzt sich die Bewurzelungszeit erheblich. Bevor die ersten Wurzeln erscheinen, treiben die Laubknospen aus. Da eine Wasserversorgung über das Triebstück zu diesem Zeitpunkt noch nicht möglich ist, müssen die sich entwickelnden Blätter ständig feucht gehalten werden. Für diesen Zweck eignet sich besonders eine Sprühnebelanlage, die auch für die Bewurzelung von Grünstecklingen notwendig ist. Diese werden als ca. 10 cm lange Triebspitzen oder auch als Blattstecklinge mit nur einer Knospe (wenn das Material knapp ist) von ausgewählten Pflanzen im Sommer nach dem Ende der ersten Triebphase geschnitten und sofort in das Bewurzelungsmedium überführt.

In einigen Betrieben werden die Stecklinge in mit Torfkultursubstraten gefüllte Töpfe gesteckt und dann entweder im Folientunnel im Gewächshaus oder in kleinen Gewächshäusern aufgestellt. Über Sprühnebelanlagen wird die Luft ständig mit Wasser gesättigt. Im Tunnel oder Gewächshaus sorgen Temperaturen von 25 bis 30 °C und eine ständig hohe Luftfeuchte für ein Kleinklima, das die Bewurzelung der Stecklinge innerhalb von wenigen Wochen ermöglicht. Der Bewurzelungserfolg kann durch Tauchen in auxinhaltige Lösungen noch gesteigert werden. Junge Sträucher liefern bessere Stecklinge als ältere. Neuseeländische Versuche ergaben, dass Stecklinge, die mit dem Mykorrhizapilz *Pezizella ericae* infiziert wurden, sich besser entwickelten als nicht infizierte.

Prinzipiell kann die Vermehrung von Heidelbeeren auch über Gewebekulturmethoden erfolgen, z. B. über Blattsegmente. Diese Art der Vermehrung ermöglicht zwar sehr hohe Vermehrungsraten, birgt aber auch so manche Unsicherheit. So neigen Gewebekulturpflanzen zu häufigen Mutationen, die wiederum zu veränderten und unerwünschten Eigenschaften führen können.

Abb. 1: Auf dem Betrieb Dierking in Nienhagen-Gilten erinnert ein Gedenkstein an die Pioniere des Kulturheidelbeeranbaus.

Abb. 2: Dank einer dünnen natürlichen Wachsschicht perlt das Regenwasser vom Heidelbeerblatt ab.

Abb. 3: Blütenstände der Heidelbeere zur Zeit der Vollblüte.

Abb. 4: Farbumschlag von Heidelbeerblättern im Herbst.

Abb. 5: Intensive Herbstlaubfärbung in der Heidelbeeranlage der Humboldt-Universität zu Berlin.

Abb. 6: In der geöffneten Heidelbeerblüte kann man die Narbe, die Staubgefäße und den Fruchtknoten erkennen.

Abb. 7: Blütenknospen an den Spitzen kurzer Seitentriebe bei einem Strauch der Sorte 'Spartan' Ende März.

Abb. 8: Erste Blüten im Blütenbüschel eines Strauches der Sorte 'Duke' öffnen sich.

Abb. 9: Beginn der Blüte bei einem Strauch der Sorte 'Duke' Ende April.

Abb. 10: Blüten an den apikalen (= an der Triebspitze befindlichen) Blütenständen öffnen sich zuerst.

Abb. 11: Das Fruchtfleisch der Heidelbeerfrucht ist farblos und enthält zahlreiche keimfähige Samen von hellbrauner Farbe.

Abb. 12: An einem Strauch kann die Fruchtgröße erheblich variieren. Diese Früchte der Sorte 'Spartan' haben Durchmesser zwischen 11 und 25 mm, die große Frucht (links) wiegt 5,2 g.

Abb. 13: Hummeln sichern den Fruchtansatz und einen hochwertigen Ertrag.

Abb. 14: Wildbiene auf Heidelbeerblüte.

Abb. 15: Die Cranberry hat ihren Namen nach der Form ihrer Blüte erhalten, die an einen Kranichkopf erinnert.

Abb. 16: Die meisten Kulturheidelbeersorten reifen folgernd und müssen mehrfach durchgepflückt werden.

Abb. 17: Auch bei Cranberries variiert die Fruchtgröße erheblich.

Abb. 18: In den aufgeschnittenen Früchten erkennt man die vier Luftkammern, die der Frucht Schwimmfähigkeit verleihen.

Abb. 19: Rhododendron und Heidelbeeren bilden einen ansprechenden farblichen Kontrast. Beide Arten haben fast gleiche Ansprüche an den Standort.

Abb. 20: Gleichmäßige Abreife im Fruchtstand erleichtert die Ernte.

Abb. 21: Früchte von verschiedenen Heidelbeersorten:
a) 'Berkeley',
b) 'Bluecrop',
c) 'Brigitta Blue',
d) 'Duke',
e) 'Nelson',
f) 'Nui',
g) 'Puru',
h) 'Reka',
i) 'Spartan'.

21d

21e

21f

21g

Abb. 22: Vermehrung von Heidelbeeren im Folientunnel mit Sprühnebel zur Erhöhung der Luftfeuchte.

Abb. 23: Heidelbeerpflanzung mit Überkronenberegnung und Kiefernstreifen als Windschutz.

Abb. 24: Blühender Trieb der Sorte 'Blau-Weiß-Zuckertraube'. Auffallend sind die langen, spitz zulaufenden Blätter.

Abb. 25: Ein Strauch der Sorte 'Bluecrop' mit Rindenmulchauflage und Tropfbewässerungsleitung.

Abb. 26: Heidelbeersteckhölzer im Torfsubstrat.

Abb. 27: Heidelbeerblätter mit Stickstoffmangelsymptomen (links Stickstoffmangel, rechts gut ernährt).

Abb. 28: Unterschiedliche Stadien des Eisenmangels bei Heidelbeeren (links gut ernährtes Blatt, rechts starker Mangel).

Abb. 29: Eisenmangelsymptome an jungen Heidelbeerblättern.

Abb. 30: Pilzbefall bei 'Brigitta Blue' (*Godronia cassandrae*): a) auf Trieben, b) auf Blättern und c) auf Früchten.

Abb. 31: Die Ranken der Cranberrypflanzen bedecken den Boden vollständig.

Abb. 32: Cranberrypflanzung auf Heideboden. Auf der rechten Seite wurden die Ranken maschinell ausgedünnt (abgemäht).

Abb. 33: Zur Fruchternte müssen Heidelbeeranlagen gegen Vögel eingenetzt werden, besonders in Siedlungsnähe.

Abb. 34: Motorbetriebene Cranberry-Erntemaschine (Fahrtrichtung rechts). Die Früchte werden von den Ranken gerauft und in die mitgeführte Kiste (links) befördert.

Abb. 35: Als Mulchmaterial im Cranberryanbau haben sich Holzhäcksel bewährt.

4 Der Anbau von Vaccinium-Arten

4.1 Kulturheidelbeeren

Heidelbeeren und Cranberries scheinen aufgrund ihrer besonderen Anforderungen an den Boden nur auf wenigen Standorten angebaut werden zu können. Tatsächlich gedeihen sie jedoch auch auf ehemaligen Ackerböden, wenn einige spezielle Pflanz- und Pflegemaßnahmen durchgeführt werden.

4.1.1 Pflanzmaterial und Pflanzung

Pflanzmaterial

Dem Pflanzmaterial kommt im Anbau eine besondere Bedeutung zu, da mit der Sortenwahl und der Qualität der Jungpflanzen die entscheidenden Weichen für die Ertragsfähigkeit und die Gesundheit der Anlage gestellt werden. Schließlich ist davon auszugehen, dass eine Heidelbeeranlage eine Nutzungsdauer von bis zu 50 Jahren haben kann.

Für die Pflanzung kann man Containerware oder Ballenpflanzen beziehen, wobei beide Strauchtypen zwei- bis dreijährig sein sollten. Die Pflanzen werden meist in den Größen 20/30 cm, 30/40 cm und 40/60 cm verkauft. Containerpflanzen können auch im belaubten Zustand gepflanzt werden, während dies bei Ballenpflanzen nur im Ruhezustand erfolgen sollte. Dadurch haben Containerpflanzen den Vorteil, dass bereits im September mit der Pflanzung begonnen werden kann und die Pflanzen vor dem Winter gut einwurzeln können. Ballenpflanzen sind in der Regel weiter entwickelt als Containerpflanzen, bringen aber weniger Feinwurzeln mit, da diese bei der Rodung zum großen Teil abbrechen. Ihre Pflanzzeit liegt frühestens ab Mitte Oktober nach dem Triebabschluss. Je nach Witterung kann die Pflanzung bei frostfreien Bedingungen auch im Frühjahr von Mitte März bis Mitte April erfolgen. Zu bevorzugen ist aber auf jeden Fall eine frühe Herbstpflanzung, um den Pflanzen ein vorzeitiges Wurzelwachstum und damit eine ausreichende Wasseraufnahme zum Frühjahrsaustrieb zu ermöglichen. Die Möglichkeit der Beregnung zum Überbrücken von trockenen Perioden ist immer von Vorteil.

Bodenvorbereitung

Zur Heidelbeerpflanzung vorgesehene Flächen müssen rechtzeitig geräumt werden. Soll ein ehemaliger Waldstandort genutzt werden, dann ist die vollständige Beseitigung der Baumstümpfe und Wurzel-

Abb. 16. Verkaufsfähige *Vaccinium-myrtillus*-Pflanzen.

Abb. 17. Die Verwendung von Torf für den Heidelbeeranbau ist zwar vorteilhaft, unter Umweltaspekten aber auch umstritten.

reste bereits im Jahr vor der Neupflanzung erforderlich, damit der Boden sich wieder setzen kann. Manche pilzliche Wurzelfäuleerreger überdauern auf Baum- und Brombeerwurzeln, die folglich möglichst sorgfältig entfernt werden sollten. Fast immer sind eine Grunddüngung (nach vorheriger Bodenanalyse!) und die Zufuhr von organischem Material sinnvoll, besonders auf vormals ackerbaulich genutzten Böden. Liegt der pH-Wert des Bodens nahe dem Neutralpunkt, dann kann durch Einarbeiten von Schwefelblüte (= elementarer, fein pulveriger Schwefel) Abhilfe geschaffen werden. 500 bis 1000 kg Schwefelblüte pro ha können je nach Bodenverhältnissen eine Absenkung um eine pH-Wertstufe bewirken, wobei die Aufwandmengen bei schweren Böden höher liegen als auf leichten Sandstandorten. Der Effekt beruht auf der mikrobiellen Oxidation des Schwefels im Boden und benötigt einige Zeit zur Erreichung des Zielwertes. Zweckmäßigerweise wird diese Maßnahme deshalb einige Zeit vor der geplanten Pflanzung durchgeführt.

Auf ehemaligen Ackerböden lässt sich ein Bodenaustausch oft kaum vermeiden, der auf unterschiedliche Weise durchgeführt werden kann. Entweder wird das neue Pflanzsubstrat in den Boden eingebracht (Grabenkultur, Pflanzlöcher) oder in Form eines Dammes auf den Boden aufgeschüttet. Bei der Grabenkultur werden im späteren Reihenabstand (z. B. 3 m) etwa 0,5 bis 1 m breite und 0,3 bis 0,5 m tiefe Gräben ausgehoben. Dazu wird zweckmäßigerweise der Pflug eingesetzt. In einem zweiten Arbeitsgang werden die Gräben dann mit dem Pflanzsubstrat aufgefüllt. Weniger Substrat wird gebraucht, wenn lediglich Pflanzlöcher (ca. 50 l) ausgehoben werden und man diese späteren Pflanzstellen mit Substrat füllt. Die Dammkultur verzichtet dagegen auf einen Bodenaushub, denn hierbei werden ca. 8 bis 10 cm hohe Dämme aus dem gewählten Substrat auf den Boden geschüttet und gegebenenfalls mit einer dünnen Erdschicht bedeckt, die mit einer Scheibenegge aufgeworfen werden kann und die Verdunstung von Feuchtigkeit aus dem Substrat vermindern soll. In diese Dämme werden später die Jungpflanzen gesetzt. Damm- oder Hügelkulturen sind z. B. bei hohem Grundwasserspiegel sinnvoll und führen zu einer früheren Erwärmung des Wurzelraumes. Durch die Substratauflage wird die Ausbildung von Bodentrieben stark gefördert, die sich wiederum schnell bewurzeln und so für eine Verbreiterung der Sträucher sorgen und zu einem schnellen Reihenschluss führen können.

Pflanzung

Bei der Pflanzung in Dammkulturen wird auch eine Schrägpflanzung empfohlen, bei der etwa ein Drittel der Triebe einer Jungpflanze mit Substrat bedeckt wird. Durch die stärkere Bestockung kann der Pflanzabstand vergrößert werden, wodurch Kosten für das Pflanzmaterial eingespart werden.

Welche Methode auch gewählt wird, es ist zu bedenken, dass das organische Substrat mit der Zeit verrottet und sich damit sein Volumen verringert. Deshalb muss in den folgenden Jahren immer wieder aufgefüllt werden. Die benötigte Substratmenge kann ganz erheblich sein und sollte auch als Kostenfaktor nicht unterschätzt werden.

Abb. 18. Junge Dichtpflanzung der Sorte 'Bluecrop'.

Abb. 19. Heidelbeerertragsanlage im Waldstandort (Brandenburg).

Werden bei einem Reihenabstand von 3 m Gräben von 0,5 m Breite und 0,3 m Tiefe ausgehoben, dann müssen etwa 500 m^3 Substrat pro ha eingefüllt werden. Diese Menge kann man durch Mischen des Substrats mit dem Ackerboden verringern und so Kosten einsparen.

Gepflanzt wird in einem Reihenabstand von etwa 3 m, wobei das genaue Maß von der Breite der vorhandenen Bearbeitungsgeräte abhängig ist, und mit einem Pflanzabstand von 1 bis 1,5 m in der Reihe. Langsam wachsende Sorten (z. B. 'Duke') können enger gepflanzt werden als schnellwüchsige wie 'Bluecrop'.

Die Frage nach dem optimalen Pflanzabstand und damit der Pflanzdichte (Anzahl Pflanzen pro ha) kann nicht mit einer allgemein gültigen Zahl beantwortet werden. Grundsätzlich gilt: Je dichter die Sträucher stehen, desto schwächer ist ihr Wachstum und desto geringer der Einzelstrauchertrag. Andererseits kommen Dichtpflanzungen wesentlich schneller in den Vollertrag, was bei anderen Obstarten schon seit längerer Zeit zu einer deutlichen Erhöhung der Pflanzenanzahl pro Hektar geführt hat. Einem Pflanzschema von 3 × 1 m entsprechen etwa 3300 Heidelbeersträucher je ha. Wird die Strauchanzahl erhöht, so ist durchaus, besonders in den ersten Jahren, mit erhöhten Flächenerträgen zu rechnen. In Langzeitversuchen konnte jedoch gezeigt werden, dass die Ertragsunterschiede im Laufe der Jahre immer kleiner werden. In den ersten zehn Jahren nach der Pflanzung kann eine Erhöhung der Pflanzdichte von 3300 auf 6600 (entspricht einem Pflanzschema von 2,5 × 0,6 m) zu Ertragssteigerungen von etwa 20 % führen. Mit einer Erhöhung der Pflanzenanzahl steigt natürlich auch der Kostenaufwand für das Pflanzmaterial. Rentabilitätsrechnungen ergaben, dass sich nur bei einer sehr günstigen Entwicklung des Bestandes und entsprechend guten Erträgen eine Erhöhung der Pflanzdichte über 3500 Sträucher pro ha wirtschaftlich lohnt. Wie auch bei anderen Obstarten, können Dichtpflanzungen, wir sprechen dann hier von 4000 bis über 6000 Sträucher pro ha, besonders dann empfohlen werden, wenn ideale Standortbedingungen und eine optimale Bestandespflege zusammenkommen. Ein weiterer Gesichtspunkt ist die erwartete Nutzungsdauer der Anlage. Plant man hier über einen Zeitraum von 30 bis 50 Jahren, dann ist unter dem Aspekt der Nachhaltigkeit und der späten Amortisierung sicher eine geringere Pflanzdichte zu bevorzugen. Geht man jedoch von einer deutlich kürzeren Nutzung der Anlage aus, spricht wenig gegen eine Dichtpflanzung, die auf den neuen Hochertragssorten und einer intensiven Pflege der Sträucher beruht.

4.1.2 Pflege der Jungpflanzen

In den ersten Jahren nach der Pflanzung muss das Hauptaugenmerk auf eine zügige vegetative Entwicklung der Sträucher gelegt werden. Ein frühzeitiger Fruchtansatz vermindert die Wuchsleistung und sollte durch einen Fruchtholzschnitt eingedämmt werden. Regelmäßige Befeuchtung des Wurzelraumes und eine angemessene Stickstoffversorgung (besonders bei frischen Mulchmaterialien, die diesen Nährstoff zunächst festlegen!) sind wichtige Maßnahmen, um das Wachstum der Jungpflanzen zu fördern.

4.1.3 Formierung und Schnitt

Der Schnitt gehört zu den wichtigsten Pflegemaßnahmen im Heidelbeeranbau, da er nicht nur der Formierung und Verjüngung der Sträucher dient, sondern sich auch positiv auf die Fruchtqualität auswirkt. Der Schnitt verhindert das Vergreisen der Sträucher und erhöht die Vitalität der Anlage.

Um sich die Auswirkungen von Schnittmaßnahmen zu verdeutlichen, ist es sinnvoll, sich vorzustellen, wie sich ein Strauch ohne Schnitteingriff entwickelt. Heidelbeersträucher blühen vornehmlich an den Spitzenbereichen der letztjährigen Triebe. Da der Blüten- und Fruchtansatz bei Heidelbeeren in der Regel reichlich ist, geht dies auf Kosten des Triebwachstums, die Triebe werden mit zunehmendem Alter des Strauches immer schwachwüchsiger und bleiben dünn. Die sich am schwachen Holz entwickelnden Früchte können zwar durchaus zahlreich sein und für einen guten Ertrag sorgen, bleiben aber auch relativ klein. Außerdem unterbleibt die notwendige Ausbildung von Neutrieben. Durch einen Schnitteingriff, der in erster Linie das abgetragene Holz entfernt, wird das vegetative Wachstum angeregt und die Triebneubildung aus der Strauchbasis gefördert.

Die Wirkungen eines Schnittes lassen sich wie folgt zusammenfassen:

- Förderung des vegetativen Wachstums,
- Verspätung des Blühbeginns,
- Erhöhung der Fruchtgröße,
- Reifebeschleunigung,
- geringerer Gesamtertrag.

Je intensiver der Schnitt durchgeführt wird, desto stärker wirkt er in Richtung der oben beschriebenen Effekte. Wie stark geschnitten wird, bestimmt neben den selbst gesteckten Zielen auch die Sorte. Einige Sorten treiben vornehmlich aus der Strauchbasis aus, andere erneuern sich mehr über Seitentriebe aus den basalen Abschnitten der älteren Äste. Entsprechend werden die überzähligen Triebe direkt über dem Boden abgeschnitten bzw. es wird ein kurzer Stummel stehen gelassen, oder der Schnitt erfolgt am Astgerüst. Als Orientierung für die Anzahl der zu belassenen Triebe eines im Vollertrag stehenden Strauches können fünf bis acht Triebe angesehen werden. Entfernt man jährlich etwa ein Drittel der vorhandenen Triebe, dann werden die verbleibenden durchschnittlich drei bis vier Jahre alt und garantieren einen stets gut verjüngten, vitalen und ertragreichen Strauch. Es gibt zudem zahlreiche Hinweise, dass durch die ständige Erneuerung des Fruchtholzes auch die Gesundheit des Strauches gefördert wird und sowohl Krankheiten als auch Schädlinge zurückgedrängt werden können.

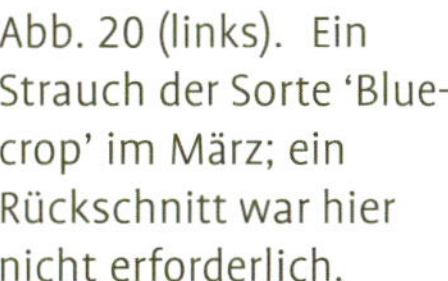

Abb. 20 (links). Ein Strauch der Sorte 'Bluecrop' im März; ein Rückschnitt war hier nicht erforderlich.

Abb. 21 (rechts). Belaubter Strauch der Sorte 'Bluecrop' Ende April.

Abb. 22 (links). Bei diesem Strauch der Sorte 'Puru' besteht ein gutes Verhältnis von Fruchtästen und Neutrieb.

Abb. 23 (rechts). Dieser Strauch der Sorte 'Puru' weist nach dem Schnitt vier Gerüstäste und zwei neue Bodentriebe auf.

Abb. 24. Stark zurückgeschnittene Sträucher erneuern sich über zahlreiche Bodentriebe: Dieser Strauch der Sorte 'Puru' nimmt dadurch die Form einer Hecke an.

Entfernt werden sollten beim Schnitt neben den abgetragenen Trieben auch alle nach innen wachsenden Äste sowie kranke oder zu dünne, zu schwach entwickelte Triebe an den Gerüstästen. Idealerweise besitzt ein Strauch dann zusätzlich zu den Gerüstästen etwa vier bis fünf nachwachsende Bodentriebe. Die einzelnen Triebtypen lassen sich leicht an der Färbung ihrer Rinde erkennen: Junge Bodentriebe sind grünlich, zweijährige Gerüstäste eher rötlich und ältere Triebe erscheinen hellgrau.

Bei vergreisten oder schlecht entwickelten Sträuchern kann eine Verjüngung durch einen Totalrückschnitt erreicht werden, der allerdings einen zweijährigen Ertragsausfall zur Folge hat. Dazu werden alle Triebe bis auf Erdniveau abgeschnitten. Es bilden sich dann im Verlauf der nächsten Vegetationsperiode wieder zahlreiche Neutriebe, die die Grundlage für den im dritten Jahr nach dem Eingriff wieder erreichten Vollertrag sind.

Ein sorgsam durchgeführter Schnitt erfordert je nach Intensität etwa 50 bis 100 AKh pro ha.

4.1.4 Wasser- und Nährstoffversorgung

Zahlreiche Versuche haben gezeigt, dass einer regelmäßigen Wasserversorgung und einem gleichmäßig durchfeuchteten Boden eine große Bedeutung für das Wachstum und die Leistungsfähigkeit von Heidelbeersträuchern zukommen. In diesem Zusammenhang sind auch die Mulchmaßnahmen zu sehen, auf die später noch eingegangen wird.

Besonders auf leichten Böden ist zumindest während der Etablierung der Jungsträucher eine zusätzliche Bewässerungsmöglichkeit unabdingbar. Tropfbewässerung oder andere Wasser sparende Systeme sind Überkronenregnern vorzuziehen, da es weniger auf das Ausbringen großer Wassermengen ankommt als auf die gleichmäßige Durchfeuchtung des Wurzelraumes. Da Heidelbeeren Flachwurzler sind, sind sie für häufige, jedoch nicht vernässende Wassergaben besonders dankbar. Mikrosprinkler haben gegenüber Tropfschläuchen den großen Vorteil, dass sie eine größere Bodenfläche befeuchten und damit auch das Mikroklima im Bestand, besonders an heißen Tagen, positiv beeinflussen können. Überkronenberegnung ist zwar für die Wasserversorgung nicht als optimal anzusehen, ermöglicht aber im Notfall eine effektive Spätfrostbekämpfung. Grundsätzlich gibt es während der Entwicklung von Heidelbeersträuchern besonders empfindliche Stadien, auf die ein Wassermangel gravierende Auswirkungen hat. So reduziert eine trockene Phase während der Blüteninduktion deutlich die Anzahl der Blüten im nächsten Jahr. Eine unzureichende Wasserversorgung während der Fruchtentwicklung führt zu geringeren Fruchtgewichten und schlechterer Qualität. Als Faustzahl kann davon ausgegangen werden, dass fünfjäh-

Tab. 19. Nährstoffgehalte in Heidelbeerblättern (% Trockensubstanz)

Gehalt	N	P	K	Ca	Mg
Minimum	1,2	0,08	0,4	0,3	0,1
Maximum	2,0	0,16	1,0	1,2	0,3
Normalwert	1,6	0,12	0,7	0,6	0,2

Tab. 20. Mikronährstoffgehalte in Heidelbeerblättern (µg g^{-1})

Gehalt	Fe	Mn	Zn	Cu	B
Minimum	50	50	8	3	30
Maximum	200	350	30	10	70
Normalwert	100	200	20	7	50

Tab. 21. Nährstoffgehalte in Heidelbeertrieben

Makronährstoffe (% Trockensubstanz)					Mikronährstoffe (µg g^{-1})			
N	P	K	Ca	Mg	Fe	Mn	Zn	Cu
0,6	0,23	0,55	0,78	0,06	15	175	40	5

Tab. 22. Nährstoffgehalte in Heidelbeerwurzeln

Makronährstoffe (% Trockensubstanz)					Mikronährstoffe (µg g^{-1})			
N	P	K	Ca	Mg	Fe	Mn	Zn	Cu
0,8	0,15	0,7	0,3	0,18	100 bis 1000	20 bis 500	10 bis 20	10 bis 100

rige Sträucher an sonnigen Sommertagen etwa 3 bis 5 l pro Tag verbrauchen.

Auch die Wasserqualität kann eine Rolle spielen, beispielsweise dann, wenn ein sehr hoher Härtegrad vorliegt und dadurch der pH-Wert im Boden angehoben wird. Besonders bei Verwendung von Oberflächenwasser ist deshalb auf die Qualität des Wassers zu achten und die Analyse des zuständigen Wasserwerkes zu Rate zu ziehen. Bei Brunnenwasser können gelöste Salze das Wachstum beeinflussen, denn Heidelbeersträucher sind sehr salzempfindlich. Ausfallende Eisenverbindungen können die Schlauchsysteme verstopfen und Flecken auf Blättern und Früchten hervorrufen, wenn das Wasser über Kopf auf die Sträucher verregnet wird.

Vergleicht man die Blattnährstoffgehalte von Heidelbeersträuchern mit denen anderer Obstarten, so fällt auf, dass Heidelbeeren offensichtlich etwas weniger Nährstoffe anreichern. Da diese Unterschiede

Tab. 23. Vergleich der Nährstoffgehalte in Blättern von Erdbeere, Apfel und Heidelbeere (% Trockensubstanz)

Obstart	N	P	K	Ca	Mg
Erdbeere	2,5 bis 3,2	0,25 bis 0,40	1,5 bis 2,5	0,8 bis 1,5	0,25 bis 0,6
Apfel	2,0 bis 3,0	0,20 bis 0,50	1,8 bis 2,0	0,8 bis 1,2	0,15 bis 0,2
Heidelbeere	1,5 bis 2,0	0,10 bis 0,15	0,5 bis 1,0	0,3 bis 1,0	0,10 bis 0,3

Tab. 24. Vergleich der Nährstoffgehalte in Früchten von Erdbeere, Apfel und Heidelbeere (mg/100 g Frischmasse)

Obstart	N	P	K	Ca	Mg
Erdbeere	130	30	140	25	15
Apfel	70	10	135	10	3
Heidelbeere	120	10	90	10	5

Tab. 25. Nährstoffentzüge (g) pro t Fruchternte pro ha durch Heidelbeersträucher und empfohlene Düngungsmengen (kg)

Nährstoff	N	P	K	Ca	Mg
Entzug (g/ha)	1200	100	1200	130	70
Düngung (kg/ha)	25 bis 50	10 bis 20	20 bis 30	10 bis 20	10 bis 20

jedoch nicht besonders ausgeprägt sind, sollte daraus nicht gleich auf einen deutlich geringeren Nährstoffbedarf der Sträucher geschlossen werden, zumal dieser noch von weiteren Faktoren abhängt. Zur Abschätzung der erforderlichen Düngermenge können die Blattgehalte zwar herangezogen werden, diese Werte sollten aber durch Bodenanalysen und die Nährstoffentzüge über die Früchte ergänzt werden (siehe Tab. 19 bis 25).

Die Entzüge durch die Fruchternte sind, wie auch bei anderen Obstarten, recht gering. Im Unterschied beispielsweise zum Apfel, wo heute in Deutschland Erntemengen von 20 bis 60 t pro ha anfallen, werden im Heidelbeeranbau deutlich geringere Hektarerträge (4 bis 6 t/ha) erzielt. Dies ist auch ein wichtiger Grund dafür, dass der Düngeraufwand im Heidelbeeranbau tatsächlich deutlich unter dem anderer, ertragreicherer Obstarten liegt.

Da Heidelbeeren als äußerst salzempfindlich gelten, ist es günstiger, Düngergaben möglichst nicht in hoher Konzentration auszubringen, sondern über das Jahr verteilt in mehreren Gaben zu verabreichen. Auf chloridhaltige Dünger sollte möglichst vollständig verzichtet werden. Wie auch bei anderen Obstarten, hat sich die Fer-

Abb. 25. Mischstation für die Fertigation mit einem Dosatron, das eine Nährstoff-Stammlösung zum Bewässerungswasser zudosiert.

tigation (= düngende Bewässerung) als ideale Möglichkeit herausgestellt, Heidelbeeren zu bewässern und gleichzeitig mit Nährstoffen zu versorgen. Durch die stete Zufuhr gering konzentrierter Nährstoffe kann es nicht zu Salzschäden kommen und der im Jahresverlauf unterschiedliche Bedarf der Sträucher wird optimal zufrieden gestellt. Belastungen der Umwelt durch Auswaschung von Nährstoffen in das Grundwasser sind bei dieser Methode so gut wie ausgeschlossen.

Die Wichtung der einzelnen Nährstoffe zueinander sollte von den speziellen Bedingungen einer Pflanzung und der Beobachtungsgabe des Betriebsleiters abhängen. Allgemein gültige Rezepte gibt es hier nicht. Lediglich als Hinweis kann deshalb die Empfehlung gelten, die Hauptnährstoffe Stickstoff, Phosphor und Kalium etwa im Verhältnis 3 : 1 : 2 zu verabreichen. Neben diesen Hauptnährstoffen haben auch Magnesium und Kalzium als Hauptelemente und Schwefel, Bor, Eisen, Mangan, Kupfer, Zink sowie Molybdän als Spurenelemente Bedeutung für die Ernährung der Heidelbeerpflanzen.

Die Nährstoffgehalte in Heidelbeerblättern bleiben im Jahresverlauf nicht gleich, sondern verändern sich im Verlauf der Vegetationsperiode, wobei die Trends nicht einheitlich sind und die Konzentrationen von Jahr zu Jahr stark schwanken können. Stickstoff nimmt z. B. nach einem hohen Gehalt im Frühjahr im weiteren Verlauf des Jahres ab. Phosphor weist ein deutliches Maximum zur Zeit der Blüte bis in den Juni auf, die geringsten Gehalte werden im Frühherbst gemessen. Kalzium und Magnesium zeigen meistens im Mai und im Spätsommer höhere Gehalte als im Juni.

Stickstoff

Stickstoff ist das Leitelement in der gartenbaulichen Düngung. Es fördert besonders die vegetative Entwicklung der Pflanzen, d. h. die Wachstumsleistung. Im Boden liegt es als Ammonium (NH_4^+), Nitrat (NO_3^-) oder in organischer Form (z. B. Aminosäuren) vor.

Stickstoffmangel bewirkt ein kümmerliches Wachstum der Sträucher und einen geringen Fruchtansatz. In eigenen Versuchen konnte bei Kulturheidelbeeren durch eine angemessene jährliche Stickstoffzufuhr von 12 g je Strauch die Fruchtgröße erhöht werden. Die Blätter von Stickstoffmangelpflanzen sind hellgrün bis gelblich verfärbt und weisen bei besonders starkem Mangel auch rötliche Ränder auf.

Die einzelnen Formen des Stickstoffs zur Düngung von Heidelbeerbüschen werden hinsichtlich ihrer Eignung unterschiedlich bewertet. Im Gefäßversuch mit Quarzsand als Wurzelsubstrat entwickelten sich Heidelbeerpflanzen mit Ammoniumdüngung sehr viel besser als bei Nitratversorgung. Auch die Photosyntheseraten waren bei Ammoniumernährung deutlich höher. Unter Feldbedingungen sind die Verhältnisse jedoch weitaus komplizierter. So schnitten zwar in einer amerikanischen Langzeitstudie mit Ammoniumsulfat versorgte Sträucher im Wachstum besser ab als solche, die mit schwefelumhülltem Harnstoff gedüngt wurden und hatten u. a. einen höheren Beerenertrag, bei den Nährstoffgehalten im Blatt wurden jedoch keine großen Veränderungen beobachtet. Andere Versuche ergaben keine bessere Wirkung von Ammoniumsulfat im Vergleich zu Harnstoff oder Ammoniumnitrat (NH_4NO_3).

Nitrifikation – Denitrifikation

Aus den im Boden vorhandenen organischen Bestandteilen werden die stickstoffhaltigen Verbindungen (Proteine, Aminosäure) durch Mikroorganismen abgebaut und es entsteht Ammonium (NH_4^+). Das Ammonium kann nun, wenn der Boden gut durchlüftet und sauerstoffreich ist, von Bakterien, wie Nitrosomas und Nitrobacter, zu Nitrat (NO_3^-) oxidiert werden. Dieser Vorgang wird als Nitrifikation bezeichnet. Das Gleiche geschieht auch mit zugeführten Ammoniumdüngern. Auf schlecht belüfteten Böden kann auch der umgekehrte Prozess ablaufen, die Denitrifikation. Hierbei bauen Mikroorganismen, wie *Pseudomonas*, Nitrat zu gasförmigen Stickstoffverbindungen um, die dann dem Boden entweichen können. Beide Prozesse laufen besonders intensiv bei neutraler Bodenreaktion ab und kommen im sauren Bereich unterhalb von pH 4,5 praktisch zum Erliegen. Die oben beschriebenen stofflichen Umsetzungen sind also besonders auf ehemaligen Ackerstandorten mit Boden-pH-Werten zwischen 5,5 und 6,5 von Bedeutung.

Diese widersprüchlichen Befunde lassen sich zum größten Teil durch die Tatsache erklären, dass die im Boden lebenden Mikroorganismen den mit der Düngung zugeführten Stickstoff umwandeln. Im leicht sauren bis neutralen Boden mit einem hohen Anteil an organischer Substanz wird Nitrat-Stickstoff chemisch reduziert und es entstehen neben Ammonium flüchtige Verbindungen, die zu gasförmigen Stickstoffverlusten führen können. Ammonium selbst wird, ganz im Gegensatz zu Nitrat, nicht ausgewaschen, sondern bevorzugt von den Pflanzenwurzeln aufgenommen. Unterhalb von pH = 4,5 spielt dieser als Denitrifikation bezeichnete Vorgang jedoch kaum noch eine Rolle. Nitrat-Stickstoff aus Düngergaben wird deshalb in den meisten Heidelbeerböden kaum umgewandelt, sondern verbleibt in dieser Form, in der er jedoch leicht aus dem Boden ausgewaschen werden kann. Auch der umgekehrte Vorgang, die Umwandlung von Ammonium zu Nitrat, ist im Boden möglich (siehe Kasten), er spielt sich vor allem in gut durchlüfteten Böden ab. Tendenziell liegt in sauren Böden Stickstoff überwiegend in der Ammoniumform vor, während bei neutraler Bodenreaktion Nitrat überwiegt. Ob nun Ammonium- oder Nitratstickstoff für Heidelbeeren besser ist, kann nicht abschließend beantwortet werden. Tatsache ist, dass beide Stickstoffformen von Heidelbeersträuchern aufgenommen werden. In der Tendenz führt eine nitratbetonte Ernährung zu verstärkter Bildung von Proteinen und freien Aminosäuren in der Pflanze und einer Förderung des vegetativen Sprosswachstums. Für die Nährstoffaufnahme von größerer Bedeutung ist die Tatsache, dass eine Nitratversorgung in der Wurzelzone einen Anstieg des pH-Wertes bewirkt, während die Zufuhr von Ammonium tendenziell in die entgegengesetzte Richtung führt. Diese lokale Versauerung des Wurzelmilieus verbessert die Aufnahme von Nährstoffen, speziell die von Mikroelementen wie Eisen und Zink. Durch Verwendung von Harnstoff oder Ammoniumdüngern mit Nitrifikationshemmstoffen wie DMPP (Dimethylpyrazolphosphat) kann die Umwandlung von Ammonium zu Nitrat verzögert und die Dauer der positiven Wirkungen verlängert werden.

Heidelbeersträucher mit einer gut ausgebildeten Mykorrhiza haben, besonders am natürlichen, nährstoffarmen Standort, die Möglichkeit, ihren Stickstoffbedarf über die Ausnutzung von Proteinen, Aminosäuren und Ligninen abgestorbener Mikroorganismen bzw. Pflanzenreste (Holz) zu decken. Mykorrhizapilze, wie *Hymenoscyphus ericae*, können diese Stickstoffverbindungen enzymatisch abbauen und den Heidelbeerwurzeln zur Verfügung stellen.

Für die pflanzenbauliche Praxis spielen diese wissenschaftlich sehr interessanten Vorgänge wahrscheinlich jedoch eine geringere Rolle als die Intensität ihrer Erforschung vermuten lässt, denn bei einer Stickstoffzufuhr über mineralische oder organische Dünger wird die Mykorrhiza stark zurückgedrängt. Die Heidelbeersträucher nehmen

Abb. 26. Stickstoffumsätze im Boden.

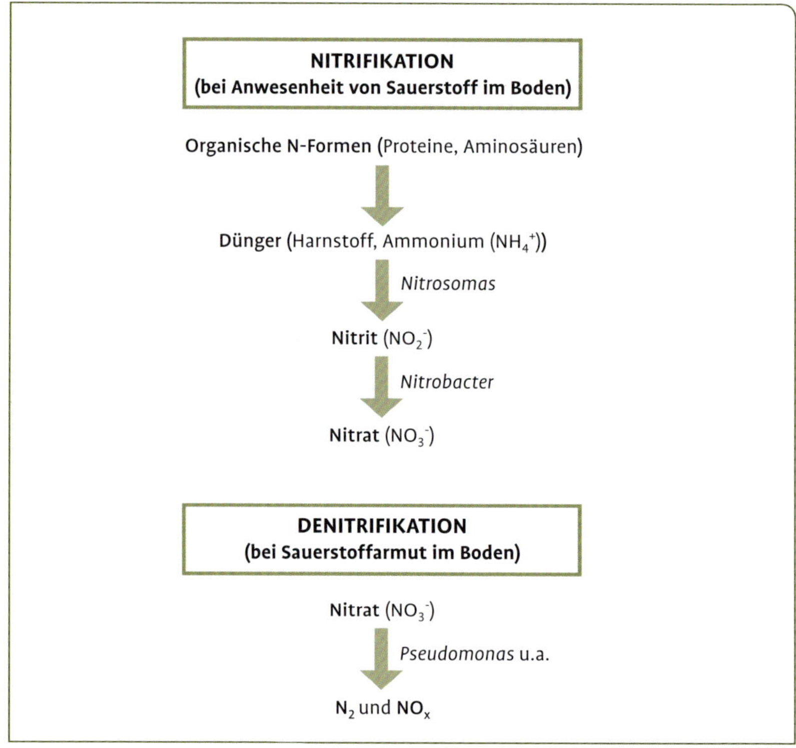

den Stickstoff dann leichter aus den löslichen Düngemitteln als aus der organischen Substanz auf. Stehen *Vaccinium*-Sträuchern jedoch ausschließlich Proteine als Stickstoffquelle zur Verfügung, dann können Pflanzen mit Mykorrhiza daraus nennenswerte Mengen für ihren Stoffwechsel erschließen.

Diese neuen Erkenntnisse aus der Forschung unterstützen die alte Vermutung des deutschen Botanikers A. B. Frank („Frank's Organische Stickstoff Theorie" aus dem Jahr 1884), dass die Mykorrhiza den Pflanzen eine direkte Stickstoffaufnahme aus der organischen Substanz des Bodens ermöglicht und auf diese Weise auch größere Moleküle, wie Aminosäuren, über die Wurzel aufgenommen werden können. Erst vor kurzem konnte bewiesen werden, dass *Vaccinium-myrtillus*-Pflanzen an ihrem natürlichen Waldstandort Aminosäuren (z. B. Glycin) aufnehmen, ohne dass diese vorher mineralisiert werden müssen.

Für die Düngungspraxis im Heidelbeeranbau kann aus den Erfahrungen der letzten Jahrzehnte der Schluss gezogen werden, dass Ammoniumstickstoff in der Form von Ammoniumsulfat anderen Verbindungen vorzuziehen ist. Diese Feststellung gilt nicht nur aus pflanzenphysiologischen, sondern auch aus bodenbiologischen Gründen. Darüber hinaus wirkt Ammoniumsulfat im Boden versauernd, was einen durchaus erwünschten Effekt darstellt. In der amerikanischen Düngepraxis wird deshalb überwiegend Ammoniumsulfat oder Harnstoff als Stickstoffdünger verwendet.

Sind auch die direkten Stickstoffentzüge durch Heidelbeerfrüchte recht gering und machen bei einem Ertragsniveau von 10 t nur etwa 12 kg pro ha aus, so ist die jährliche Stickstoffgabe doch höher zu bemessen, denn es gehen auch erhebliche Mengen durch Festlegung in der organischen Mulchschicht, Aufnahme durch die Begleitpflanzen sowie gasförmige Verluste bzw. Auswaschung verloren. Je nach Versorgungszustand und Alter des Pflanzenbestandes werden Aufwandmengen zwischen 25 und 50 kg Stickstoff pro ha empfohlen.

Als Orientierung für den Versorgungsstatus können folgende Blattstickstoffgehalte im Juli/August angesehen werden:
- weniger als 1,5 % Stickstoff = Mangel,
- 1,5 bis 2 % Stickstoff = optimal,
- mehr als 2 % Stickstoff = Überschuss.

Blattdüngungsmaßnahmen mit Harnstoff (1 bis 2 %) oder Kaliumnitrat (1 bis 3 %) zur schnellen Korrektur von Stickstoffmangel haben sich wegen der geringen Aufnahme über das Blatt nicht als besonders wirksam herausgestellt.

Phosphor

In humusreichen Böden liegt Phosphor hauptsächlich in organisch gebundener Form vor, meist als Salz der Phytinsäure. Damit ist es für die Heidelbeerwurzeln gut verfügbar, zumal die Erschließung mithilfe der Mykorrhiza sehr effektiv abläuft. Mit zunehmendem Säuregrad der sandigen und humusreichen Heidelbeerböden steigt darüber hinaus die Löslichkeit von Phosphorsalzen an.

Phosphor wird als Säureanion (PO_4^{3-}) aufgenommen und hat für den Stoffwechsel der Pflanzen eine große Bedeutung, besonders im Energiehaushalt, bei allen Wachstumsprozessen sowie beim Blühen und Fruchten. Phosphormangel äußert sich in Kümmerwuchs der Sträucher und kleinen, jedoch dunkelgrünen Blättern. Auch Fruchtansatz und -entwicklung können gestört sein. Trotz des relativ niedrigen Phosphorgehaltes in Heidelbeerblättern ist auf Phosphormangel zu achten, der z. B. bei steigendem pH-Wert des Bodens oder durch einseitig hohe Stickstoffgaben hervorgerufen werden kann. Zur Düngung kann Phosphor in Form von Volldüngern oder als Superphosphat gegeben werden. Auch Diammonium-Phosphat (DAP) wurde erfolgreich eingesetzt. Die jährliche Zufuhr muss in den meisten Fällen 10 kg Phosphor pro ha nicht überschreiten.

Kalium

Kalium ist das charakteristische Element der Tonminerale im Boden. Typische Heidelbeerböden mit hohem Anteil an Sand und organischer Substanz sind deshalb oft arm an Kalium, sodass die Kaliumversorgung der Heidelbeeren nicht außer Acht gelassen werden sollte. Kalium ist ein leicht aufnehmbares, in der Pflanze äußerst bewegliches Element, das an vielen wichtigen Entwicklungsprozessen beteiligt ist. Zu nennen sind hier die Regulierung des Wasserhaushaltes der Pflanze, die Steuerung der Spaltöffnungsbewegung der Blätter und die Erhöhung der Winterfrosthärte. Weiterhin hat Kalium einen positiven Einfluss auf die Fruchtqualität. Zwischen Kalium und Kalzium besteht eine ausgeprägte Konkurrenz, d. h., die Pflanze nimmt bei hohem Kaliumangebot weniger Kalzium auf und umgekehrt. Die Bedeutung des Kaliums ist auch durch seine hohen Gehalte in den Früchten begründet, wo es das mengenmäßig wichtigste Nährelement ist. So werden über die Fruchternte etwa 1,2 kg Kalium pro t Beeren abgeführt.

Kalium sollte mittels sulfatischer Salze gedüngt werden, denn Chloride sind für die salzempfindlichen Heidelbeersträucher nicht zuträglich. Kaliummangel kann man gut an den jüngeren Blättern erkennen, die sich zunächst zwischen den Blattadern aufhellen und im fortgeschrittenen Stadium vergilbende Blattränder aufweisen, die schließlich braun werden und absterben.

Kalzium

Über Kalzium und seine Bedeutung für Heidelbeeren herrscht immer noch große Verwirrung, gelten Heidelbeeren doch als „kalkmeidend". Dabei sollte man nicht die Bedeutung des pH-Wertes im Boden mit der des Elementes Kalzium gleichsetzen. Schon ein Blick auf die Kalziumgehalte in den Blättern und Früchten zeigt, dass Heidelbeersträucher wesentlich mehr Kalzium als Phosphor und Magnesium benötigen.

Kalzium ist das typische Strukturelement in der Pflanze und ganz wesentlich für die Fruchtfleischfestigkeit verantwortlich. Bei niedrigen pH-Werten im Boden wird Kalzium leicht ausgewaschen, was besonders bei den sehr sauren Bodenverhältnissen im Heidelbeeranbau bedeutsam ist. Bei Kalziummangel kommt es an jungen und alten Blättern zum Absterben der Blattspitzen, die Sträucher wachsen deutlich langsamer und die Früchte verlieren an Geschmack.

Heidelbeeren nehmen Kalzium vornehmlich aus dem Boden auf, denn der Kalziumgehalt in Blättern und Früchten lässt sich durch Blattspritzungen kaum erhöhen. Ohne den pH-Wert des Bodens wesentlich anzuheben, kann der Kalziumgehalt im Boden durch Dolomit-Kalk verbessert werden. Auch die Bewässerung kann die Kalziumversorgung des Bodens beeinflussen. Je nach Herkunft des

Bewässerungswassers können auf diesem Wege erhebliche Mengen an Kalzium auf die Felder gebracht werden. So werden bei Verwendung von Wasser mit 15° dH mit jedem Kubikmeter auch 100 g Kalzium angeliefert. Bei einer Bewässerung von 10 mm macht dies immerhin 10 kg Kalzium pro ha aus.

Magnesium

Ähnlich wie Kalium, ist Magnesium an den typischen Heidelbeerstandorten oft nur in geringen Anteilen vorhanden. Eine wichtige Funktion des Magnesiums liegt in seiner Beteiligung am Blattgrün, wo es das Zentralatom im Chlorophyllmolekül ist. Etwa 30 % des Magnesiums in der Pflanze sind auf diese Weise am Prozess der Photosynthese beteiligt, während der übrige Anteil über zahlreiche Enzyme wichtige Abschnitte im Stoffwechsel reguliert.

Auch Magnesium kann durch zu viel Kalium zurückgedrängt werden, sodass Magnesiummangel boden- oder düngungsbedingt recht häufig bei Heidelbeeren auftritt. Magnesiummangel an Heidelbeersträuchern ist leicht auszumachen. Meistens trifft es zuerst ältere Blätter an der Triebbasis, die – im Gegensatz zum Kaliummangel – vornehmlich in den Feldern zwischen den Blattadern aufhellen, später dort verbräunen und absterben. Oft rollen sich die Blätter schließlich ein und fallen ab, sodass die Triebe von unten her verkahlen. Magnesiummangel kann leicht durch Bodendüngung oder Blattspritzungen mit Magnesiumsulfat (Bittersalz) behoben werden. Trotz der hohen Salzempfindlichkeit vertragen Heidelbeerblätter auch höher konzentrierte Bittersalzlösung bis zu 5 %, ohne Verbrennungen zu erleiden.

Schwefel

Obwohl in den letzten Jahrzehnten die Schwefeldioxidemissionen in die Umwelt fast vollständig eingestellt wurden, ist kaum damit zu rechnen, dass Schwefelmangel im Heidelbeeranbau – im Gegensatz zum Ackerbau – auftreten wird, da die Mehrzahl der anderen Nährstoffe in Form des Sulfats (SO_4^{2-}) zugeführt wird. Damit ist die Schwefelversorgung der Heidelbeeren mehr als gesichert. Das Einbringen von elementarem Schwefel in den Boden, wie in den USA üblich, dient lediglich der drastischen Absenkung des pH-Wertes der Bodenlösung und nicht der Schwefelversorgung der Pflanze.

Bor

Es gibt bei *Vaccinium*-Arten bislang nur wenige Hinweise auf die Wirkung von Bor. Dieses Element hat eine besondere Bedeutung für die Fruchtentwicklung und ist wesentlich an den Prozessen der Befruchtung (Pollenschlauchwachstum) und der Samenausbildung beteiligt. Bei vielen Fruchtarten ist ein direkter Zusammenhang zwischen dem

Borgehalt und der Ausbildung keimfähiger Samen nachgewiesen worden.

Auf Sandböden kann Bor leicht ausgewaschen werden und liegt dann oft im Mangelbereich vor. Borgehalte von 30 bis 70 ppm in Heidelbeerblättern kennzeichnen eine gute Versorgung der Sträucher. In eigenen Versuchen konnte belegt werden, dass Bor von Heidelbeersträuchern bereitwillig aufgenommen wird, wenn das Element über das Blatt appliziert wird. Es findet dann auch ein nennenswerter Transport in die Früchte statt. In einer amerikanischen Studie wurde ein positiver Einfluss von Bor (250 bis 500 ppm in wiederholter Applikation) auf den Fruchtertrag und die Frosttoleranz der Knospen nachgewiesen.

Eisen

Sehr häufig treten, besonders an den jungen Blättern von Heidelbeersträuchern, deutliche Eisenmangelsymptome auf. Gelbliche („chlorotische") Blätter, deren Adern noch längere Zeit grün bleiben, werden in erster Linie einer Unterversorgung der Sträucher mit Eisen zugeschrieben. Im Extremfall werden die Blätter völlig weiß, alle Farbstoffe sind dann abgebaut. Solche Schäden führen zu einem schlechten Wachstum der betroffenen Triebe und zu Kümmerwuchs der Sträucher. Die Symptome treten besonders auf, wenn folgende Faktoren im Boden eine Rolle spielen:

- hoher pH-Wert,
- hoher Phosphorgehalt,
- hohe Kupfer- und Manganwerte,
- wenig organische Substanz.

Eisen liegt im Boden in zwei verschiedenen chemischen Formen vor: entweder in oxidierter (Fe^{3+}) oder zum geringeren Anteil in reduzierter (Fe^{2+}) Form. Nur die Letztere ist für die Eisenaufnahme und den Versorgungszustand der Pflanze von Bedeutung. Reduziertes Eisen findet sich vornehmlich bei sauren Bedingungen im Boden. Aufnahme und Verfügbarkeit werden darüber hinaus von der organischen Substanz positiv beeinflusst. Auf organischen Böden mit hohem pH-Wert und geringem Anteil organischer Bestandteile kommt es deshalb fast zwangsweise zu Eisenmangelsymptomen bei Heidelbeeren. Bei ungünstigen Bodenverhältnissen können Blattdünger, die Eisen in chelatisierter Form enthalten, schnell Abhilfe schaffen. Gleiches gilt auch für die folgenden Mikroelemente.

Mangan

Wie fast alle Mikroelemente, so ist auch das Mangan in sauren Böden gut verfügbar und nur selten im Mangel. Dazu kommt es eigentlich nur bei absoluter Manganarmut im Boden oder bei Anhebung des pH-Wertes. Auch eine hohe Eisenzufuhr kann die Manganaufnahme hemmen. Heidelbeerpflanzen können sehr unterschiedliche Mangangehalte in ihren Wurzeln oder Früchten aufweisen, die darauf hindeuten, dass es keine besondere Selektivität bei der Aufnahme gibt. Sie vermögen größere Mengen an Mangan anzureichern, ohne dass ein sichtbarer Schaden entsteht. Trotzdem besteht auf sehr sauren Standorten die Gefahr der Manganvergiftung, die sich in Verbräunungen älterer Blätter äußert. Hier kann die Mykorrhiza die Sträucher vor zu hohen Konzentrationen schützen, da Mangan in den Wurzeln zurückgehalten wird. Akuter Manganmangel zeigt sich dagegen in Blattsymptomen, die dem Eisenmangel ähneln, die grünen Blattadern sind jedoch mit einem ebenfalls grün bleibenden Saum umgeben. Eine Blattdüngung mit Mangansulfat (0,1 bis 0,2 %) oder Manganchelaten kann derartige Schäden schnell beheben.

Zink, Kupfer und Molybdän
Diese Elemente werden in wesentlich geringerem Maße als Eisen und Mangan aufgenommen und liegen deshalb in Heidelbeerblättern nur in sehr niedriger Konzentration vor. Trotzdem sind sie nach heutiger Ansicht unersetzlich. Während Zink und Kupfer in sauren, humusreichen Böden zwar gut verfügbar, jedoch häufig kaum vorhanden sind, ist Molybdän im Gegensatz dazu gerade bei niedrigen pH-Werten im Boden festgelegt und kann nur schwer aufgenommen werden. Mangelsituationen treten deshalb wahrscheinlich häufiger auf als bisher angenommen. Die genannten Mikroelemente sind an wichtigen Enzymreaktionen beteiligt, ihr Mangel wirkt sich deshalb zumeist in Wuchsdepressionen und dem Absterben von Triebspitzen aus. Die Blattsymptome ähneln denen des Eisenmangels. Auch hier kann ein Mangel durch ein zu hohes Angebot an Eisen oder Mangan ausgelöst werden. In der Praxis ist es oft nicht leicht, zu beurteilen, welches Element nun ein Mangelsymptom auslöst, dann kann eine Blattanalyse aufschlussreich sein. Zink, Kupfer und Molybdänmangel lassen sich ebenfalls sehr gut durch Blattspritzungen mit Chelaten korrigieren.

Die Gelbfärbung von Blättern und das Absterben von Triebspitzen ist bei Heidelbeeren ein häufig zu beobachtendes Symptom, das oft mit einer unausgeglichenen Nährstoffversorgung in Verbindung gebracht wird. Kann eine Erkrankung der Pflanzen ausgeschlossen werden, spielen sowohl Unter- als auch Überversorgung mit Mikronährstoffen eine Rolle. Dabei sind die tatsächlichen Verhältnisse oft sehr kompliziert. In einer amerikanischen Untersuchung wurde beispielsweise festgestellt, dass chlorotische Blätter gegenüber grünen stark erhöhte Eisen- und Manganwerte sowie leicht höhere Kalziumwerte aufwiesen; alle anderen Makro- und Mikroelemente lagen eher im Mangelbereich. Durch Eisen- und Bor-Blattapplikationen wurden die

Symptome gemildert, es kam zu einer Erhöhung der Borgehalte und zu einer Absenkung der Eisen- und Mangangehalte. Die Erklärung für solche Phänomene fällt nicht leicht, dürfte aber u. a. in den chemischen Eigenschaften der Spritzmittelbrühen liegen. Die darin enthaltenen Chelate können Nährionen, wie Eisen, sehr stark binden, offensichtlich auch dann, wenn diese bereits in das Pflanzengewebe aufgenommen worden sind.

4.1.5 Weitere Pflegemaßnahmen in der Ertragsphase

Bodenbearbeitung und Mulchmaterialien

Wie für andere gartenbauliche Kulturen, so gibt es auch für den Anbau von Kulturheidelbeeren keine Patentrezepte für die Bodenpflege. Ob der Boden offen gehalten oder eine Graseinsaat durchgeführt wird, ob und mit welchen Materialien Mulch zum Einsatz kommt, all dies hat der Anbauer selbst an Hand der speziellen Gegebenheiten in seinem Betrieb zu entscheiden. Man hüte sich in diesem Zusammenhang vor allzu einseitiger Beratung und starrer Übernahme von Methoden. Wer sich Heidelbeerbetriebe in verschiedenen Ländern und Kontinenten ansieht, wird feststellen, dass hochwertige Früchte auf ganz unterschiedliche Weise produziert werden können.

Bei Wasser- und Nährstoffarmut des Standortes, wie für die Heideflächen Mitteleuropas typisch, ist es sicherlich sinnvoll, den Boden zumindest in den ersten Standjahren einer Anlage frei von Bewuchs zu halten, um den Heidelbeersträuchern optimale Wachstumsbedingungen zu bieten und die Unkrautkonkurrenz auszuschließen. Während dies in den Fahrgassen durch Einsatz von Eggen und Grubbern einfach durchzuführen ist, gestaltet es sich in den Reihen schwieriger, denn Heidelbeersträucher sind Flachwurzler, sodass die mechanische Bearbeitung keinesfalls tief erfolgen darf. Neben der Verwendung von Herbiziden, bei denen auf die Empfindlichkeit der Heidelbeeren und auch auf die ökologische Zielsetzung des Betriebes geachtet werden muss, bieten sich hier mechanische Unkrautentferner an. Sehr vorteilhaft sind Geräte, die sowohl zum Schneiden als auch zur flachen Bodenbearbeitung eingesetzt werden können.

Das Mulchen ist ebenfalls eine gute Möglichkeit, Unkraut zu unterdrücken, bietet aber darüber hinaus für die Heidelbeerpflanzen noch eine Reihe weiterer Vorteile, auf die hier kurz eingegangen werden soll. Unter „Mulchen" wird das Aufbringen von organischen Materialien auf den Boden verstanden. Im Heidelbeeranbau werden in erster Linie Baumrindensubstrate (Borke), Holzhäcksel, Sägemehl, Nadelstreu, Stroh oder Torf verwendet.

Zahlreiche Versuche in den vergangenen Jahren haben gezeigt, dass sich Heidelbeersträucher unter unseren Anbaubedingungen mit einer geeigneten Mulchauflage besser entwickeln als ohne. Dies gilt

Abb. 27. Eine Pflanzung der Sorte 'Spartan' im Heidegebiet. Die Fahrstreifen werden offen gehalten, in den Reihen wird das Unkraut in der ersten Jahreshälfte mit Herbiziden unterdrückt.

besonders für Pflanzungen auf mineralischen, humusarmen Böden. Mit einer Mulchdecke wirkt eine Vielzahl von Faktoren positiv auf den Wurzelraum der Heidelbeere. Sehr wichtig scheint es beispielsweise, dass der Boden unter einer Mulchdecke gleichmäßig feucht und dabei locker bleibt. Er kann weder verschlämmen noch verkrusten und behält eine für das Wurzelwachstum optimale Struktur. Dies garantiert eine gute Entwicklung des Bodenlebens, da zudem starke Temperaturschwankungen sowohl im Sommer als auch im Winter deutlich abgemildert werden. An warmen Sommertagen kann die Bodentemperatur durch eine Kiefernrindenauflage bis zu 7 °C unter der einer offenen Bodenoberfläche gehalten werden. Zusätzlich wird durch die Mulchauflage der Gehalt an organischer Substanz im Boden erhöht, Effekte auf den pH-Wert des Bodens sind demgegenüber wesentlich geringer. Ob auch direkt wuchsfördernde Stoffe aus dem Mulch an die Heidelbeerwurzeln gelangen können, ist bislang nicht nachgewiesen worden. Die zahlreichen, besonders in frischem Baumrindenmaterial vorhandenen Gerbstoffe wirken eher wachstumshemmend, eine Tatsache, die auf die Unkraut unterdrückende Wirkung solcher Substrate hinweist. Die Keimung von Unkrautsamen wird zusätzlich noch durch den Lichtentzug durch die Auflage gehemmt.

Trotz vieler Vorteile gibt es auch einige Nachteile des Mulchens, die jedoch meist nicht so schwer ins Gewicht fallen. So kann bei Verwendung von frischem Sägemehl oder trockenem Torf die Gefahr des Vertrocknens der Heidelbeersträucher bestehen, da diese Materialien kaum Wasser aufnehmen. Nicht unerwähnt sollte bleiben, dass besonders frisches Holzmaterial in größerem Umfang Stickstoff binden kann, der dann den Sträuchern kurzfristig nicht mehr zur Verfügung steht. Letztlich besteht auch die Gefahr des Eindringens von Wühlmäusen, die sich unter einer lockeren, relativ trockenen Mulchdecke besonders wohl fühlen und die Wurzeln der Sträucher erheblich schädigen können.

Mulchdecken sollten eine Stärke von 10 bis 15 cm haben und müssen von Zeit zu Zeit erneuert werden, da sie biologisch abgebaut werden bzw. durch Wind oder andere Einflüsse aus den Pflanzreihen entfernt werden. Welches Material verwendet wird, dürfte in erster Linie von der Verfügbarkeit und dem Preis abhängen. Die Liste der geeigneten Materialien ist lang und umfasst Nadelholzborken („Kiefernrinde"), Abfälle der Holzverarbeitung (Häcksel, Sägespäne), Torf, Stroh, Laub, Nadelstreu aus dem Wald und organische Abfallprodukte. Vorsicht ist bei Industrie- bzw. Siedlungsabfällen geboten, denn hier können z. B. Schwermetallbelastungen oder einseitig hohe Nährstoffgehalte eher schaden als nutzen. Es sollte deshalb bei der Beschaffung auf die Einhaltung der Qualitätsstandards durch den Hersteller geachtet werden. Auch die Verwendung von Kunststofffolien sollte aus Gründen des Umwelt- und Landschaftsschutzes kritisch eingeschätzt werden. Allerdings können auch einige Folientypen teilweise die positiven Effekte einer organischen Mulchauflage erreichen. So ergab eine amerikanische Untersuchung, dass sowohl Rindenmulch als auch eine reflektierende Folie das Wachstum von Heidelbeersträuchern im Vergleich zu ungemulchten Pflanzen gleich gut förderten. Die Effekte wurden hier vor allem auf die niedrigere Wurzelraumtemperatur zurückgeführt. Andere Versuchsansteller stellen die fehlende Stickstofffixierung durch die Folie als Vorteil gegenüber organischen Materialien heraus.

Allgemein überwiegt bei den positiven Wirkungen des Mulchens der Einfluss auf das Wachstum der Sträucher, während eine direkte Verbesserung der Fruchtqualität nicht immer nachweisbar ist.

Frostschutz

Schutz der Blüten vor Spätfrösten kann trotz der relativ späten Blüte in den meisten Anbauregionen von Vorteil sein. Besonders auf Moorflächen besteht bis in den Frühsommer die Gefahr von Strahlungsfrösten. Deshalb sollte schon mit der Wahl der Fläche eine Frostgefährdung weitgehend ausgeschlossen werden. Senken oder Hangflächen, bei denen durch ein Hindernis (z. B. Waldrand, Gebäude oder Lärmschutzwände entlang von Straßen) der Abfluss von Kaltluft behindert wird, scheiden als Heidelbeerstandort von vornherein aus.

Die wirksamste, aber auch mit vielen Nachteilen versehene direkte Frostschutzmaßnahme ist die Überkronenberegnung. Sie setzt das Vorhandensein entsprechender Beregnungstechnik und die Verfügbarkeit von Wasser voraus. Nachteilig sind die großen Wassermengen, die in einer Frostnacht ausgebracht werden müssen und die zur Verschlämmung des Bodens führen können. Eine direkte Heizung der Anlage in Frostnächten ist z. B. mit Gasbrennern möglich. In jüngerer Zeit werden auch Präparate im Handel angeboten, die mit Pflanzenschutzspritzen auf die Pflanze ausgebracht werden und Blüten bzw. junge Früchte vor Frostschäden schützen sollen. Ihre Wirkung bei Heidelbeeren ist jedoch noch nicht ausreichend erprobt.

Verfrühung bzw. Verspätung der Ernte

In unserem Klimabereich ist frühestens Ende Juni/Anfang Juli mit dem Beginn der Heidelbeerernte zu rechnen. Eine Verfrühung dieses Zeitpunktes kann wirtschaftlich interessant sein und wird bei anderen Obstarten, wie der Erdbeere, bereits mit Erfolg durchgeführt. Um den natürlichen Entwicklungsrhythmus des Heidelbeerstrauches zu beschleunigen, muss den Pflanzen zusätzlich Wärme zugeführt werden. Dazu eignen sich Folientunnel oder Gewächshäuser; entweder errichtet man neue Folientunnel in einer bestehenden Heidelbeerpflanzung oder pflanzt junge Sträucher in vorhandene Gewächshäuser bzw. Tunnel. Eine weitere Variante ist es, mit Containerpflanzen zu arbeiten, die im zeitigen Frühjahr vom Freiland in das Gewächshaus gebracht werden und dann vorzeitig austreiben. Je nach Intensität, mit der die Verfrühung betrieben wird, können Heidelbeeren dann einige Wochen vor der im Freiland zu erwartenden Reife geerntet werden. Im frostfrei gehaltenen Kalthaus können Frühsorten bereits Ende Mai Beeren zur Reife bringen, ohne dass ein großer Heizaufwand betrieben werden muss. Sehr intensiv wirtschaftende Betriebe bringen Containerpflanzen mitten im Winter in das Warmhaus und können so die Fruchtreife in den April vorverlegen. Unter den geschützten Bedingungen ist die Bestäubung der Blüten durch Insekten natürlich problematisch. Hier haben sich zugekaufte Hummelvölker als sehr hilfreich und effektiv erwiesen.

Der Neubau von Gewächshäusern oder auch Folientunneln für die Verfrühung von Heidelbeeren dürfte unter den derzeitigen Produktionsbedingungen nur selten wirtschaftlich sein. Die Nutzung von vorhandener bzw. nicht genutzter Unterglasfläche ist aber auf jeden Fall interessant, denn die Verfrühung der Ernte bringt deutlich höhere Preise. Für diese Maßnahmen eignet sich jedoch nicht jede Sorte, vielleicht können hier in Zukunft auch die wärmebedürftigen Rabbiteye- oder Southern-Highbush-Sorten Verwendung finden. Versuche in den USA haben gezeigt, dass auch ohne winterliche Ruhephase der Sträucher die Produktion von Früchten möglich ist, wenn Heidelbeersorten mit einem sehr geringen Kältebedürfnis (weniger als 300 Stunden) verwendet werden, wie die Sorten 'Gulfcoast' und 'Sharpblue'. Die wichtigste Maßnahme zur Verspätung der Ernte ist die Verwen-

Abb. 28. Verfrühung der Ernte im Foliengewächshaus.

dung von Spätsorten, wie 'Elliott' und 'Aurora', was sich jedoch nur auf klimatisch sehr günstigen Standorten mit einer ausreichend langen Vegetationsperiode empfiehlt. Durch eine Überdachung können diese interessanten Spätsorten auch an klimatisch weniger vorteilhaften Standorten zu einer guten Fruchtqualität gebracht werden. Eine andere Möglichkeit zur Reifeverzögerung ist der Anbau in Höhenlagen bis zu 500 m, was ebenfalls eine spätere Ernte zur Folge hat. Die Verlängerung der Angebotsphase durch die CA-Lagerung von Früchten ist, wenn die Möglichkeit dazu besteht, ebenfalls eine interessante Variante.

Containerkultur

Grundsätzlich ist es möglich, die recht langsam wachsenden Heidelbeersträucher in Containern zu kultivieren. Neben der oben erwähnten Möglichkeit zur Ertragsverfrühung macht man sich durch die Pflanzung in Behälter von den lokalen Bodenverhältnissen unabhängig, was z. B. für den Anbau in Ländern der Alpenregion, wie der Schweiz, Österreich oder Südtirol, interessant sein kann, da dort geeignete Heidelbeerböden eher selten sind. Zur Befüllung der Pflanzcontainer können grundsätzlich die gleichen Materialien verwendet werden wie im Freiland: Torf, Rinde, Streu oder Sägemehl. Um eine schnelle Austrocknung des Substrates zu verhindern, empfiehlt sich die Auflage einer ca. 10 cm dicken Rindenmulch- oder Holzhäckselschicht. Es ergeben sich bei Containerkulturen jedoch besondere Anforderungen an die Wasser- und Nährstoffversorgung, die die Installation einer Tropfbewässerungsanlage unabdingbar machen. Es ist ganz besonders auf eine gleichmäßige Durchfeuchtung der Behälter zu achten, ohne eine Vernässung zuzulassen. Da organische Substrate keine dem Boden vergleichbare Haltekraft für Nährstoffe haben, eignen sich besonders langsam fließende Nährstoffquellen (Langzeitdünger) für eine ausgeglichene Nährstoffversorgung. Natürlich kann die Nährstoffversorgung auch über die Bewässerung in Form von wasserlöslichen Mehrnährstoffdüngern erfolgen. Als Pflanzgefäße können Kunststofffässer und ähnliche Behälter Verwendung finden, die den Pflanzen einen Wurzelraum von etwa 60 bis 100 l bieten. Sie werden üblicherweise in einem Raster von 3 × 1 aufgestellt. Auch Konstruktionen aus dauerhafter Folie sind für die Heidelbeerkultur geeignet. Stets ist auf die Möglichkeit für einen Wasserabfluss aus den Containern zu achten. Im Winter muss durch Abdecken der Container für einen gewissen Frostschutz gesorgt werden, denn im vollständig gefrorenen Substrat vertrocknen die Wurzeln.

Einsatz von Wachstumsregulatoren zur Erhöhung des Fruchtansatzes

Bei schlechten Bestäubungsbedingungen, z. B. kühler Witterung, oder dem Fehlen von Bestäuberinsekten wurde in den USA erfolgreich GA_3 (ein Pflanzenhormon aus der Gruppe der Gibberellinsäuren) eingesetzt. Das Präparat wurde wiederholt zur Blüte in einer Konzentration von 250 $\mu l\ l^{-1}$ gespritzt und führte zu einem höheren Fruchtansatz, jedoch zu kleineren Früchten, die auch länger zur Reife brauchten als unbehandelte Früchte.

Der Einsatz von Wachstumsregulatoren unterliegt jedoch auch gesetzlichen Rahmenbedingungen, die durch nationale Verordnungen geregelt werden.

4.1.6 Ernte

Die Ernte der verschiedenen Heidelbeersorten kann sich über einen Zeitraum von etwa zwölf Wochen erstrecken, in den deutschen Betrieben dauert sie etwa sieben bis zehn Wochen. Unter unseren klimatischen Verhältnissen können von Anfang Juli bis etwa Mitte/Ende September frische Heidelbeeren gepflückt werden. In Tabelle 26 sind die Reifezeiten aktueller Heidelbeersorten aufgeführt, wie sie im langjährigen Mittel für einen norddeutschen Standort gelten.

Langjährige Untersuchungen in den USA mit vielen unterschiedlichen Sorten haben ergeben, dass Heidelbeersträucher in den ersten Ertragsjahren zwischen 1 und 1,5 kg Früchte pro Strauch liefern, wobei die Variationsbreite erheblich ist. Im Vollertrag sollten die Sträucher etwa 3 bis 5 kg produzieren. Auch wenn einzelne Sträucher einmal mehr als 20 kg tragen, ist bei guter Kulturführung mit realistischen Hektarerträgen von 3 t bis zu 15 t zu rechnen.

Tab. 26. Fruchtreifezeiten von Heidelbeersorten in Norddeutschland

Sorte	Juli				August				September			
Earliblue	●	●	●	❍	❍	❍	❍	❍	❍	❍	❍	❍
Bluetta	●	●	●	●	❍	❍	❍	❍	❍	❍	❍	❍
Reka	❍	●	●	●	●	❍	❍	❍	❍	❍	❍	❍
Spartan	❍	●	●	●	❍	❍	❍	❍	❍	❍	❍	❍
Duke	❍	●	●	●	❍	❍	❍	❍	❍	❍	❍	❍
Patriot	❍	●	●	●	●	❍	❍	❍	❍	❍	❍	❍
Nui	❍	●	●	●	●	❍	❍	❍	❍	❍	❍	❍
Puru	❍	●	●	●	●	❍	❍	❍	❍	❍	❍	❍
Draper	❍	●	●	●	●	❍	❍	❍	❍	❍	❍	❍
Toro	❍	❍	●	●	●	●	❍	❍	❍	❍	❍	❍
Bluecrop	❍	❍	❍	●	●	●	●	●	❍	❍	❍	❍
Denise Blue	❍	❍	❍	●	●	●	❍	❍	❍	❍	❍	❍
Berkeley	❍	❍	❍	❍	●	●	●	❍	❍	❍	❍	❍
Coville	❍	❍	❍	❍	●	●	●	●	❍	❍	❍	❍
Chandler	❍	❍	❍	❍	●	●	●	●	❍	❍	❍	❍
Brigitta Blue	❍	❍	❍	❍	❍	●	●	●	❍	❍	❍	❍
Darrow	❍	❍	❍	❍	❍	❍	●	●	●	❍	❍	❍
Elizabeth	❍	❍	❍	❍	❍	❍	●	●	●	❍	❍	❍
Liberty	❍	❍	❍	❍	❍	❍	●	●	●	●	❍	❍
Elliott	❍	❍	❍	❍	❍	❍	❍	●	●	●	●	●
Aurora	❍	❍	❍	❍	❍	❍	❍	❍	●	●	●	●

Für den Frischmarkt ist die Handernte unerlässlich, sie garantiert die beste Qualität, d. h. ausgereifte, einheitliche und unverletzte Früchte, die direkt in den Verkaufsbehälter gepflückt werden können. Bei fast allen Sorten ist ein mehrmaliges Durchpflücken der Anlage notwendig, da die Beeren am Strauch folgernd reifen. Besonders ausgeprägt ist dies bei der Sorte 'Bluecrop', weniger deutlich bei 'Elliott'.

Die Beeren müssen vorsichtig und ohne dabei den weißen Reif abzuwischen, direkt in die Verkaufsgebinde gepflückt werden. Auch bei besten Bedingungen schafft eine Pflückkraft pro Stunde nur etwa 4 bis 8 kg Heidelbeeren. Vor allem in den größeren Anlagen der USA und Kanadas haben deshalb spezielle Erntemaschinen Einzug

Abb. 29. Teil einer Selbstpflückanlage mit Kassenbereich und Imbiss.

Abb. 30. Für die Selbstpflücker werden auch Behälter und Transportkarren zur Verfügung gestellt.

gehalten, die sehr viel kostengünstiger als Pflücker arbeiten, jedoch Früchte liefern, die in erster Linie für die Verarbeitung geeignet sind. Solche Maschinen werden entweder vom Schlepper gezogen oder sind Selbstfahrer, die sich über den Sträuchern fortbewegen („over-the-row-machines"). Die Beeren werden mit unterschiedlichen Techniken vom Strauch abgetrennt, beispielsweise durch Schütteln, Schlagen oder Abstreifen. Dabei kann es zu erheblichen Fruchtverlusten aufgrund von mechanischen Beschädigungen, Ernte von unreifen Früchten und Transportverlusten kommen. Der technische Fortschritt ermöglicht jedoch, dass die Früchte immer schonender von den Büschen getrennt werden können und so der Anteil an Früchten für die Frischvermarktung steigt. In Michigan (USA) wird heute bereits überwiegend die Maschinenernte durchgeführt. Man sollte sich jedoch darüber im Klaren sein, dass eine Erntemaschine auch entsprechende nachgelagerte Technik im Betrieb voraussetzt, beispielsweise Sortier- und Abpackanlagen. Ob deshalb die Umstellung auf maschinelle Ernte auch unter den europäischen Anbaubedingungen sinnvoll ist, wird in erster Linie durch die Kosten für die Handernte bestimmt. Beispiele aus der Schweiz zeigen, dass bei einem sehr hohen Lohnniveau für die Erntehelfer eine maschinelle Ernte betriebswirtschaftlich sinnvoll sein kann.

Eine Alternative zu den großen Vollerntern, die in den USA eingesetzt werden, und deren Anschaffungskosten weit über 100 000 € liegen, sind Kleingeräte, die als Selbstfahrer oder seitliche Nachläufer hinter dem Schlepper angeboten werden. Diese Maschinenernter liegen im Preis bei etwa 20 000 € und schaffen etwa 500 bis 600 kg Früchte pro Stunde. Der Anteil unreif geernteter Früchte liegt bei guten Geräten unter 5 %. Generell ist bei einer Maschinenernte mit 15 bis 30 % geringerer Ernte zu rechnen als bei Handernte. Die Strauchhöhe für diese Maschinen muss zwischen 0,5 und 1,8 m liegen. Vorteilhaft ist, wenn die Erntemaschine im Betrieb auch für andere Obstarten, wie Himbeeren oder Johannisbeeren, einsetzbar ist.

4.1.7 Schädlinge und ihre Bekämpfung

Die Heidelbeere wurde bislang als eine ausgesprochene Gesundobstart angesehen, bei der ein intensiver Pflanzenschutz, wie bei den anderen Obstarten üblich, nicht erforderlich sein soll. Dies trifft jedoch heute nicht mehr unbedingt zu. Da Kulturheidelbeeren in Deutschland erst seit sehr kurzer Zeit angebaut werden, waren auch ihre „natürlichen“ Feinde bislang kaum präsent. In Nordamerika sind aber bereits eine ganze Reihe von Krankheiten und Schädlingen bekannt, die der Kulturheidelbeere zusetzen können. Es ist nur eine Frage der Zeit, bis auch bei uns ein ernsthafter Krankheits- und Schädlingsdruck einsetzt. Ansätze dazu sind heute schon zu beobachten (u. a. Triebsterben), die zunehmende Globalisierung und der intensive Handel mit Pflanzen und Früchten steuern dazu bei. Darüber hinaus sind Heidelbeeren natürlich auch den Angriffen einheimischer Schaderreger ausgesetzt. In Zukunft werden deshalb phytosanitäre Aspekte – von der Erstellung gesunden Pflanzgutes bis zum Schutz der geernteten Früchte – stärker als heute in Betracht gezogen werden müssen.

Stellt man die in der Literatur beschriebenen Krankheiten und Schädlinge an Heidelbeeren in Übersichten zusammen (siehe Tab. 27 und 28), dann erscheinen diese aufgrund ihres Umfanges wie Schreckenslisten. In der Praxis hat man es aber meist nur mit einigen wenigen Krankheiten und Schädlingen zu tun, wobei die regionalen Unterschiede erheblich sein können. Aus der Vielfalt der Mikroorganismen, die auf Heidelbeersträuchern parasitieren, dominieren die Pilze. Auch Schädlinge werden in großer Anzahl aufgeführt. Dies zeigt, dass der Pflanzenschutz im Anbau sehr ernst genommen werden muss. Grund zur Panik sollte dies jedoch nicht geben, denn bei guter Bestandesführung und standortgerechtem Anbau sind die phytosanitären Probleme durchaus zu beherrschen. Leider hat die Züchtung in der Vergangenheit – wie auch bei anderen Obstarten – der Pflanzengesundheit und Krankheitsresistenzen keinen hohen Stellenwert beigemessen.

Unter den deutschen Anbaubedingungen treten als Schädlinge vornehmlich Insektenarten auf, die entweder einheimisch sind oder aus Nordamerika eingeschleppt wurden. Im Folgenden werden die wichtigsten Schädlinge kurz beschrieben.

Dickmaulrüssler (*Otiorhynchus sulcatus*)
Der etwa 1 cm lange, glänzend schwarze und flugunfähige Käfer schädigt Blätter und Blüten durch nächtlichen Fraß. Seine weißen Larven können erheblichen Schaden an den Wurzeln anrichten. Dickmaulrüssler überwintern im Boden, die jungen Käfer treten ab Mai bis Ende September in Erscheinung. Interessant ist eine Besonderheit bei der Fortpflanzungsbiologie: Eine neue Generation entsteht überwiegend parthenogenetisch (= Jungfernzeugung), d. h. die weiblichen Käfer bringen ohne sexuelle Zeugung etwa 500 bis 1000 Eier hervor, aus denen dann wieder ausschließlich Weibchen hervorgehen.

Die Bekämpfung sollte erst nach Ermittlung des Befallsdruckes mit Insektiziden oder biologischen Präparaten auf Basis von entomophagen Nematoden erfolgen. Die Nematoden wirken auch gut gegen das Puppenstadium.

Kleiner Frostspanner (*Operophtera brumata*)
Der bekannte Schädling macht auch vor Heidelbeeren nicht Halt und wurde bereits von Europa nach Amerika „ausgeführt“. Die aus den Eiern schlüpfenden Raupen bohren sich in die Knospen und höhlen diese aus. Sie dringen auch in Blüten ein und fressen die Blütenorgane. Die Bekämpfung erfolgt mit *Bacillus-thuringiensis*-Präparaten oder mit Kontaktinsektiziden (Karate).

Weitere Falter, deren Larven durch Fraß an Blättern und Früchten Schäden an Heidelbeersträuchern hervorrufen, sind verschiedene

Tab. 27. Weitere Schädlinge an Heidelbeeren

Systematischer Name	Englische Bezeichnung	Deutsche Bezeichnung
Actebia fennica	Black Army Cutworm	Schmetterlingsraupe
Adoxophyes orana	Fruit Tortrix Moth	Fruchtschalenwickler
Altica sylvia	Blueberry Flea Beetle	Heidelbeer-Blattfloh
Anthonomus musculus	Cranberry Weevil, Cranberry Worm	Heidelbeer-Blütenstecher
Archips rosana	European Leafroller	Heckenwickler
Bactrocera tryoni	Queensland Fruit Fly	Queensland Fruchtfliege
Cingilia catenaria	Chain-Dotted Geometer Measuring Worm	Schmetterlingsraupe
Clastoptera proteus	Cranberry Spittle Insect	Heidelbeer-Schaumzikade
Conotrachelus nenuphar	Plum Curculio	Pflaumenrüssler
Contarinia vaccinii	Blueberry Tip Midge	Triebspitzengallmücke
Dasyneura oxycoccana	Blueberry Gall Mite	Gallmilbe
Datana angusii	Datana Worm	Schmetterlingsraupe
Dysmicoccus vaccinii	Mealybug	Mehlige Wanze
Eriophyes vaccinii	Blueberry Bud Mite	Heidelbeer-Knospengallmilbe
Frankliniella vaccinii	Blueberry Thrips	Heidelbeer-Thrips
Galerucella vaccinii	Blueberry Leaf Beetle	Heidelbeer-Blattkäfer
Gelechia trialbamaculella	Red-Striped Fireworm	Schmetterlingsraupe
Hemadas nubilipennis	Stem Gall Wasp	Zweiggallenwespe
Hyphantria cunea	Fall Webworm	Weißer Bärenspinner
Laspeyresia packardi	Cherry Fruitworm	Heidelbeerwickler
Lymantria dispar	Gipsy Moth	Schwammspinner
Macrosiphum solanifolii	Potato Aphid	Kartoffelblattlaus
Malacosoma americana	Eastern Tent Caterpillar	Spinnerraupe
Malacosoma distria	Forest Tent Caterpillar	Ringelspinner
Mineola vaccinii	Cranberry Fruitworm	Schmetterlingsraupe
Neopareophora litura	Blueberry Sawfly	Heidelbeer-Blattwespe
Noctua anchocelioides	Blueberry Budworm	Schmetterlingsraupe
Oberea myops, *Orthosia* spp.	Blueberry Stem Borer	Heidelbeer-Triebbohrer Eulen-Arten
Phalera bucephala	Buff-Tip Moth	Mondfleck
Phyllopertha horticola		Junikäfer
Popillia japonica	Japanese Beetle	Japankäfer
Pristiphora idiota	Blueberry Sawfly	Heidelbeer-Blattwespe
Pseudanthonomus validus	Currant Fruit Weevil	Johannisbeer-Fruchtkäfer
Pyrrhalta vaccinii	Blueberry Leaf Beetle	Heidelbeer-Blattkäfer
Quadraspidiotus perniciosus	San-José Scale	San-José-Schildlaus
Rhagoletis mendax	Blueberry Maggot	Fruchtmade
Rhagoletis pomonella	Blueberry Maggot, Blueberry Fruit Fly	Fruchtmade
Scaphytopius magdalensis	Sharpnosed Leafhopper	Spitznasiger Blattfloh
Schizura concinna	Red-Humped Caterpillar	Schmetterlingsraupe
Sparganothis sulfureana	Sparganothis Fruit Worm	Wicklerraupe

Tab. 28. Weitere Krankheiten an Heidelbeeren

Systematischer Name	Englische Bezeichnung	Deutsche Bezeichnung
Virosen		
BBScV (Carlavirus)	Blueberry Scorch oder Sheep Pen Hill Virus	Blattverbrennungsvirose
BRRV (Caulimovirus)	Blueberry Red Ringspot Virus	Ringfleckenvirose
BlShV (Ilarvirus)	Blueberry Necrotic Shock Virus	Nekrosevirus
BLMV (Nepovirus)	Blueberry Leaf Mottle Virus	Blattscheckungsvirose
BSSV (Sobemovirus)	Blueberry Shoestring Virus	Schnürbandvirose
Phytoplasmosen		
Phytoplasma	Blueberry Stunt	Verzwergungskrankheit
Phytoplasma	Blueberry Witches Broom	Hexenbesen
Bakteriosen		
Agrobacterium tumefaciens	Crown Gall	Stammgallen
Pseudomonas andropogonis	Bacterial Leaf Spot	Bakterielle Blattfleckenkrankheit
Pseudomonas sp. (*syringae*)	Bacterial Canker, Stem Canker	Bakterienkrebs
Mykosen		
Alternaria tenuissima	Alternaria Rot	Alternaria-Fruchtfäule
Botryosphaeria corticis	Stem Canker	Zweigkrebs
Botryosphaeria dothidea	Blueberry Stem Blight	Rindenbrand
Botrytis cinerea	Blossom Blight, Twig Blight	Blüten- und Zweigsterben, Grauschimmel
Colletotrichum gloeosporioides	Anthracnose Fruit Rot	Anthraknose
Coryneum microstictum	Coryneum Canker	Coryneum-Krebs
Dothichiza caroliniana	Double Spot	Blattflecken
Exobasidium vaccinii	Red-Leaf Disease	Rotblättrigkeit
Gloeocercospora inconspicua	Blueberry Leaf Spot	Blattflecken
Gloeosporium minus	Leaf Spot Anthracnosis	Anthraknose
Godronia cassandrae	Canker, Dieback Disease	Triebsterben, Zweigkrebs
Microsphaera alni	Powdery Mildew	Echter Mehltau
Monilia vaccinii-corymbosi	Mummy Berry, Shoot Blight	Fruchtmumien
Nocardia vaccinii	Proliferating Gall	Gallenknospentriebsucht
Phomopsis vaccinii (= *Diaporthe vaccinii*)	Phomopsis Twig Blight Phomopsis Stem Canker Phomopsis Soft Rot	Zweigbrand Zweigkrebs Weichwerden der Früchte
Phyllosticta vaccinii	Phyllosticta Rot	Frühe Fruchterkrankung
Phytophtora spp.	Phytophtora Root Rot	Wurzelfäule
Pucciniastrum myrtilli	Leaf Rust	Heidelbeerrost
Pucciniastrum goeppertianum	Witches Broom	Hexenbesen
Septoria albopunctata	Leaf Spot	Blattflecken

Wickler- (*Adoxophyes orana*, *Archips rosanus* und *Spilonota ocellana*) und Eulenarten (*Orthosia* spp.).

Blutzikade (*Cercopsis vulnerata*)
Die einheimische, schwarzrote Blutzikade tritt ab der Blüte in Erscheinung, sie saugt an den Trieben, die später aufreißen. Es kann zu krebsartigen Wucherungen und Triebverkrümmungen sowie allgemeinen Wachstumsdepressionen kommen. Blattschäden treten jedoch kaum auf. Die Blutzikade überwintert als Larve im Boden und saugt dort an den Wurzeln der Sträucher. Die Bekämpfung sollte mit Kontaktinsektiziden durchgeführt werden.

Triebspitzengallmücke (*Contarinia vaccinii*)
Zu den aus den USA eingeschleppten Schädlingen gehört die Triebspitzengallmücke. Ihre Larven saugen an den Triebspitzen, diese rollen sich ein, verfärben sich und sterben schließlich ab. Es kommt zu einem Neuaustrieb und einer unerwünschten vorzeitigen Verzweigung. Die Triebspitzengallmücke bringt bis zu vier Generationen im Jahr hervor, sie überwintert als Puppe im Boden. Eine Bekämpfung ist mit Kontaktinsektizid nach dem Schlüpfen der ersten Generation möglich.

Ovale Schildlaus (*Lecanium nigrofasciatum*)
Ein weiterer Schädling aus Nordamerika ist die Ovale Schildlaus. Ihr Befall erzeugt starke Wachstumsdepressionen der Sträucher. Unangenehm ist hier auch die Honigtauproduktion, in deren Folge sich Schwärzepilze auf Blättern und Früchten ansiedeln. Die Larven schlüpfen im Juni, es gibt nur eine Generation im Jahr. Über Austriebsspritzungen mit Mineralölen gegen die überwinternden Larven lassen sich die Schäden vermindern.

Gelbliche Heidelbeerblattlaus (*Fimbriaphis fimbriata*)
Diese Blattlaus stammt ebenfalls aus den USA. Sie produziert viel Honigtau und führt zu starken Verschmutzungen der Früchte. Die Läuse erscheinen meistens schon zur Blüte und sollten dann sofort und wiederholt bekämpft werden.

Kirschessigfliege (*Drosophila suzukii*)
Ursprünglich in Asien beheimatet, kam die Kirschessigfliege über Nordamerika nach Europa. Heidelbeerfrüchte werden zumeist nach dem Farbumschlag befallen. Die sich im Inneren der Frucht entwickelten Larven können beträchtlichen Schaden anrichten. Aufgrund der raschen Generationsfolge ist eine wiederholte Bekämpfung mit Insektiziden erforderlich. Auch eine konsequente Einnetzung der Anlage kann einem Befall vorbeugen.

Neben weiteren Blattlausarten treten in unseren Anlagen Thripse und Maikäferlarven (*Melolontha melolontha*) als Schädlinge auf. Einige Nematodenarten können ebenfalls Schäden an Heidelbeersträuchern hervorrufen, u. a. *Xiphinema americanum*, *Paratrichodorus christiei*, *Tetylenchus* spp. und *Pratylenchus* spp.

Auch Säugetiere, wie Wühlmäuse, Kaninchen und sonstiges Wild, können erheblichen Schaden an Heidelbeersträuchern anrichten. Besonders in Waldnähe ist deshalb ein Wildschutzzaun um die Pflanzung unerlässlich. Es ist darauf zu achten, dass dieser Zaun auch „kaninchensicher", d. h. engmaschig, ist und tief in den Boden eingegraben wird, denn Kaninchen können den jungen Sträuchern stark zusetzen. Ein spezielles Problem von Betrieben in Stadtnähe sind Vögel, die die Früchte ebenso schätzen wie Süßkirschen und anderes Obst. Sie müssen dringend von den Heidelbeersträuchern fern gehalten werden. Besonders Stare lernen schnell, wo es leckere Früchte zu holen gibt und können eine Anlage bis zum Totalausfall schädigen. Hier kann es sinnvoll sein, die Sträucher spätestens zum Farbumschlag der Früchte mit Netzen zu überdecken, ähnlich wie es bei Süßkirschen heute schon häufig durchgeführt wird. Die Netze müssen nicht so engmaschig wie die gegen Hagelschlag verwendeten sein. Das Einnetzen ist allerdings eine zeit- und kostenaufwändige Maßnahme, die erst nach sorgfältiger wirtschaftlicher Bewertung des durch Vögel verursachten Schadens in Erwägung gezogen werden sollte.

4.1.8 Krankheiten und ihre Bekämpfung

Von den zahlreichen Krankheiten, die in den USA und Kanada an Heidelbeersträuchern auftreten, sind mittlerweile einige auch in unseren Anlagen zu finden. Die wichtigsten Krankheiten, die unter unseren Bedingungen eine Rolle spielen können, werden im Folgenden kurz beschrieben.

Erfreulicherweise treten bei Heidelbeersorten Resistenzen gegenüber verschiedenen Krankheiten auf, was man sich in der Züchtung zunehmend zu Nutze macht. So existieren z. B. unterschiedliche Empfindlichkeiten gegenüber *Phytophtora cinnamomi*: die wärmeliebenden Rabbiteye-Sorten 'Tifblue' und 'Bluegem' sollen weniger anfällig sein als die Highbush-Sorten 'Bluetta' und 'Patriot'.

Blüten- und Fruchtfäule (Grauschimmel), Zweigsterben (*Botrytis cinerea*)

Bei feuchter Witterung erfolgt eine Infektion der Blüten. Diese werden braun und später zeigt sich ein grauer Pilzrasen. Die Blütenstände verklumpen, auch ganze Triebe können absterben. Die Infektion reifender Beeren führt zum bekannten Symptom des Grauschimmels, das Problem wird oft erst nach der Pflücke erkennbar.

Über die Blüten kann der Pilz bis in den Trieb vordringen und diesen zum Absterben bringen. Die Bekämpfung muss je nach Situation mit geeigneten Fungiziden erfolgen. Trockene Pflanzen in lockeren, nicht zu dichten Beständen sind weniger gefährdet.

Zweig- und Fruchtmonilia (*Monilia vaccinii-corymbosi*)
Auch hier fördert feuchte Witterung die Infektion von Blättern und Trieben, die bereits zur Zeit des Austriebes stattfindet. Die infizierten Pflanzenteile welken und sterben schließlich ab, wobei sie sich schwarzbraun verfärben. Bei uns ist die Trieberkrankung weniger bedeutend als die Fruchtinfektion: Befallene Früchte werden kurz vor der Reife rot, schrumpeln und fallen ab. Der Pilz überwintert auf mumifizierten Früchten. Die Bekämpfung muss mit Fungiziden erfolgen.

Godronia-Triebsterben (*Godronia cassandrae*)
Die Krankheit wurde aus Nordamerika eingeschleppt und tritt in unseren Anlagen immer häufiger auf. Sie führt zu einem Absterben von Zweigen und Trieben. Der Pilz überwintert auf den Trieben in krebsartigen Infektionsstellen. Die stärkste Infektion erfolgt beim Knospenaufbruch, bei feuchter Witterung auch später. Es zeigen sich rotbraune Verfärbungen an den Trieben, die dann später absterben. Befallene Triebe müssen sorgfältig beseitigt und die Sträucher – besonders bei feuchter Witterung vor der Blüte – mit Fungiziden behandelt werden.

Fruchtfäule/Anthraknose, Brennfleckenkrankheit (*Colletotrichum gloeosporioides, C. acutatum*)
Die Früchte werden besonders bei warmer und anhaltend feuchter Witterung infiziert. Zunächst zeigen sich auf ihnen runde, eingesunkene Flecken auf den Früchten. Die Beeren schrumpeln und faulen vorzeitig und es treten hellrosa Pilzsporen auf. Der Pilz überwintert auf Fruchtmumien und Totholz. Auch hier ist eine Bekämpfung mit Fungiziden erforderlich.

4.2 Cranberries

Auch die Cranberrykultur ist sehr langlebig. In den USA existieren Cranberryanlagen, die vor 120 Jahren etabliert wurden und in denen bis heute keine Neupflanzung erfolgte. Ähnlich wie bei Heidelbeeren legt man sich also mit einer Cranberrypflanzung für längere Zeit auf diese Kultur fest. Unter dem Aspekt der Nachhaltigkeit liefert eine Cranberryanlage über viele Jahre hochwertige Früchte, ohne dass der Boden bearbeitet werden muss und umweltbelastende Maßnahmen ergriffen werden müssen.

Abb. 31. Cranberrypflanzen mit erntefähigen Früchten.

4.2.1 Pflanzmaterial und Pflanzung

In den USA vollzieht sich der Anbau von Cranberries fast ausschließlich in sogenannten „bogs" (= Sumpf- oder Schlammfeld) und ist an die Verfügbarkeit von Wasser gebunden. Bei den „bogs" handelt es sich um speziell für den Cranberryanbau angelegte Felder. Der Boden wird vor der Pflanzung planiert und an den Seiten der rechteckigen Fläche zu Dämmen geformt. Ein Gefälle ermöglicht das spätere Anstauen mit Wasser. Vorteilhaft sind grundwassernahe Standorte oder eine wasserundurchlässige, oberflächennahe Schicht, sodass das zur Ernte angestaute Wasser nicht sofort versickert. Cranberryfelder in den USA sind vollständig auf den Einsatz von Maschinen, u. a. zur Ernte, ausgerichtet und entsprechend groß dimensioniert. Für die Anpflanzung von Cranberries unter unseren Bedingungen muss sicherlich im viel kleineren Maßstab gedacht werden. Hier kann ein Pflanzenbestand z. B. mit Containerpflanzen etabliert werden, wobei etwa 6 Pflanzen pro m^2 erforderlich sind, um das Wachstum von Unkräutern durch einen schnellen Bodenschluss zu unterdrücken. Ballenpflanzen kann man im Verband von ca. 30 × 30 cm pflanzen, was auf etwa 10 Pflanzen pro m^2 herausläuft. In den nordamerikanischen Pflanzungen findet man zwischen 90 000 und 110 000 Pflanzen je ha. Es sollte ausreichend tief gepflanzt werden, damit die Jungpflanzen während des Frostes nicht aus dem Boden herausgehoben werden und vertrocknen. Günstige Substrate sind torfbasierte Erden oder auch sandige, kalkarme Mischungen, die eine gute Luftzirkulation am Wurzelwerk erlauben. Ein hoher Anteil an organischer Substanz erhöht den Kulturerfolg. Eine wesentlich preisgünstigere Methode ist es, an Stelle von Jungpflanzen unbewurzelte Triebstecklinge auszubringen, wie es auch in den USA die Regel ist. Die Triebstecklinge werden mit Scheren abgeschnitten oder mit einem speziellen Schnittgerät gewonnen. Bei dieser Art der Pflanzung ist allerdings ein engerer Abstand von 10 × 10 bis 15 × 15 cm ratsam. Die Triebstecklinge können entweder maschinell oder mit der Hand in den Boden gesteckt werden oder einfach gleichmäßig auf der Fläche verteilt werden. Sie müssen dann allerdings in einem zweiten Arbeitsschritt mit geeigneten Geräten, wie einer leichten Packerwalze oder einem Scheibensech, in den Boden gedrückt werden, damit sie zügig anwachsen. Übersanden fördert den Anwachserfolg. Der Bestandesschluss wird natürlich eher von bewurzelten Jungpflanzen vollzogen, die einen Entwicklungsvorsprung von mindestens einem Jahr gegenüber unbewurzelten Stecklingen mitbringen.

Ob Reihen-, Beet- oder Vollfeldbestände angelegt werden, bleibt der eigenen Erfahrung überlassen. Bei guter Pflege und optimalen Wachstumsbedingungen hat eine Cranberryneupflanzung nach etwa drei bis vier Jahren die gesamte Fläche überwuchert.

Unter den Anbaubedingungen in Deutschland hat sich besonders die Sorte 'Stevens' bewährt.

4.2.2 Pflege der Jungpflanzen

Die wichtigste Bedingung für das erfolgreiche Etablieren einer Anlage ist die Unterdrückung der Unkrautkonkurrenz. Nur auf sehr sauren Moorböden stellen Unkräuter keine ernste Bedrohung dar. Neben dem Einsatz von Herbiziden oder der Beseitigung per Hand oder Maschine ist deshalb in den ersten zwei Jahren die rasche Entwicklung des Bestandes und das schnelle Erreichen des Bodenschlusses oberstes Gebot.

In kühleren Lagen kann durch Überdecken mit transparenter Folie nach der Pflanzung den Jungpflanzen ein bemerkenswerter Entwicklungsschub verschafft und ihr Wachstum sowie die Blütenbildung erheblich gefördert werden. Auf Moorflächen, bei denen häufig Strahlungsfröste auftreten können, ist es möglich, durch kurzzeitige Überdeckung der Bestände Frostschäden an Blüten, Trieben und auch den Beeren abzuwenden. Hierzu eignen sich neben Folien auch Stroh oder Reisig.

4.2.3 Schnitt

Ein Schnitt zur Formierung der Pflanze erübrigt sich bei Cranberries aufgrund ihres kriechenden Wuchstypus. Trotzdem kann es erforderlich sein, die Rankendecke eines Bestandes von Zeit zu Zeit auszulichten. Zwar ist es erwünscht, wenn die Ranken den Boden weitgehend abdecken und so einer Verunkrautung entgegenwirken, es kann aber auch des Guten zu viel sein. Während der Wintermonate wird deshalb mit einem Scheibensech oder ähnlichen Geräten ein Teil der Ranken abgeschnitten. Das Schnittgut wird dann zusammengerauft und abtransportiert. Ein solcher Schnitt soll das Wachstum der Ranken anregen und sich auch positiv auf den Fruchtansatz und die Fruchtqualität auswirken. Untersuchungen haben ergeben, dass nach einem Schnitt zwar der Ertrag im Folgejahr sinkt, sich dann aber wieder deutlich erholt und die Beeren verstärkt rote Farbstoffe produzieren. Der Schnitt muss keinesfalls alljährlich durchgeführt werden.

4.2.4 Wasser- und Nährstoffversorgung

Cranberries sind stark an das Vorkommen von Wasser im Boden gebunden. Sie benötigen einen hohen Grundwasserstand von etwa 25 bis 30 cm, der ihnen im Jahresverlauf eine gleichmäßige Bodenfeuchte garantiert. Ihr flach streichendes Wurzelsystem ist nicht in der Lage, tiefere Wasserschichten zu erschließen. Idealerweise reicht

Abb. 32. Cranberryfeld mit Überkronenberegnung.

Tab. 29. Nährstoffgehalte in Cranberryblättern im Juli

	Makronährstoffe (% Trockensubstanz)					Mikronährstoffe (µg g^{-1})			
	N	P	K	Ca	Mg	Mn	Fe	B	Zn
Minimum	1,0	0,10	0,4	0,4	0,15	200	80	15	15
Maximum	1,6	0,20	1,0	0,8	0,25	600	250	60	30
Normalwert	1,3	0,15	0,7	0,6	0,20	350	160	35	20

Tab. 30. Nährstoffgehalte in Cranberrywurzeln (% Trockensubstanz)

N	P	K	Ca	Mg
1,2	0,3	0,4	0,25	0,07

Tab. 31. Nährstoffgehalte in Cranberrytrieben (% Trockensubstanz)

P	K	Ca	Mg
0,2	0,5	0,2	0,10

Tab. 32. Nährstoffentzüge (g) pro t Fruchternte pro ha durch Cranberrypflanzen und empfohlene Düngungsmengen (kg)

Nährstoff	N	P	K	Ca	Mg
Entzug (g/ha)	1500	200	700	150	60
Düngung (kg/ha)	25 bis 50	20 bis 25	25 bis 40	bei Bedarf	bei Bedarf

eine nicht zu starke, sandige und organische Auflage auf der wasserführenden Schicht aus, um den Cranberrypflänzchen eine ausreichende Wasserversorgung zu bieten. Eine Bewässerungsmöglichkeit ist unbedingte Voraussetzung für eine erfolgreiche Cranberrykultur, denn auch kürzere trockene Perioden während der Wachstumszeit werden nicht toleriert, die Pflanzen vertrocknen und sterben ab. Während in den USA die großen Cranberrypflanzungen regelmäßig geflutet werden, ist im kleinflächigen Anbau eine flächige Beregnungsanlage ideal, um ein ständig feuchtes Milieu zu erzeugen. Mit geringerem Aufwand kann man Cranberries auch am Ufer von Teichen und Seen kultivieren.

Für Cranberries gelten im Grunde die gleichen Nährstoffbedingungen wie für Kulturheidelbeeren. Ähnlich wie bei diesen, fällt bei Cranberries ein recht niedriger Gehalt an Nährstoffen in den Blättern auf. Für die Bemessung der notwendigen Nährstoffversorgung sollte auch bedacht werden, dass die gesamte Pflanzenmasse eines Cranberrybestandes weit geringer ist als bei anderen Obstarten und allein deshalb die Nährstoffansprüche nicht besonders hoch sind. Möchte man sich Gewissheit über den Nährstoffstatus seiner Pflanzen verschaffen, so sammelt man im August/September den diesjährigen Zuwachs fruchtender und nichtfruchtender Ständertriebe. Etwa 20 solcher Triebspitzen ergeben eine Probe, von denen man mehrere an solchen Stellen des Feldes ziehen sollte, die den allgemeinen Zustand der Gesamtanlage repräsentieren.

Auch für Cranberries soll eine Stickstoffversorgung über Ammonium oder Harnstoff besser sein als über Nitrat, obwohl diese Verbindungen in ähnlicher Weise von den Pflanzen aufgenommen werden. Bei Nitraternährung verzweigen sich jedoch die Wurzeln intensiver. Als Maß für die Stickstoffversorgung kann der jährliche Zuwachs blühender Triebe genommen werden, der etwa 5 bis 10 cm betragen sollte. Bei weniger als 5 cm Neutrieb liegt mit großer Sicherheit Stickstoffmangel vor.

Chloridhaltige Düngemittel sind extrem schädlich und sollten nicht angewendet werden. Sie erzeugen zwar selten Blattsymptome, führen aber zu erhöhtem Fruchtfall. Auf Extremstandorten, wie Moorflächen, ist mit Kupfermangel zu rechnen, der durch Anwendung von Kupferchelaten ausgeglichen werden kann.

4.2.5 Weitere Pflegemaßnahmen in der Ertragsphase

In den USA gehört das Übersanden der Felder zu den regelmäßigen Kulturmaßnahmen. Dabei wird alle zwei bis fünf Jahre eine 1 bis 3 cm dicke Schicht Sand deckend auf die Felder aufgebracht. Dies kann sowohl im Winter erfolgen, wenn die Felder mit einer Eisschicht bedeckt sind, der Sand kann aber auch direkt auf den offenen Boden ausgebracht werden. Die Ausbringung auf das Eis hat den Vorteil, dass die Pflanzen durch die Fahrzeuge nicht so sehr geschädigt werden. Die Anbauer versprechen sich von dieser Maßnahme in erster Linie eine Förderung des Triebwachstums. Durch die Bedeckung mit Sand wird die Wurzelbildung der Ranken gefördert und es kommt zu einem verstärkten Austrieb der Lateralknospen. Der Abbau der organischen Substanz soll schneller ablaufen, wodurch zusätzliche Nährstoffe verfügbar gemacht werden. Darüber hinaus schafft das Übersanden eine Möglichkeit zur Schädlingsbekämpfung. So wird u. a. der Befall der Ranken mit den Larven des „Cranberry Girdler“ (*Chrysoteuchia topiaria*) deutlich vermindert. Auch gegen parasitische Pflanzen, wie den Sumpfdotter (*Cuscuta gronovis*), soll die Maßnahme wirksam sein. Nicht zuletzt wird das Feld durch den Sand nivelliert bzw. auftretender Erdabtrag wieder ausgeglichen.

Unkrautkonkurrenz bedroht nicht nur das Wachstum und die Entwicklung der Cranberries, sondern wirkt sich auch negativ auf Fruchtgröße und Farbausbildung aus. Das regelmäßige Entfernen von Unkräutern stellt somit eine der wichtigsten Pflegemaßnahmen in der Ertragsphase von Cranberrypflanzungen dar. Da es weder aus rechtlicher noch technischer Hinsicht möglich ist, mit Herbiziden zu arbeiten, bleibt nur die Unkrautbekämpfung per Hand übrig. Hier hat es sich bewährt, sogenannte „Flieger“ einzusetzen, bei denen die

Arbeitskräfte in liegender Position über die Pflanzung gebracht werden.

In den USA wird besonderer Wert auf intensiv gefärbte Früchte gelegt, was für den Anbauer wegen der besseren Preise sehr lohnend sein kann. Ethephon kann die Farbintensität (d. h. die Anthocyanbildung) von Cranberryfrüchten erhöhen, besonders wenn es zusammen mit Ethanol (2,5 bis 10 %) ausgebracht wird.

Um Frostschäden im Winter vorzubeugen, werden in den USA Antitranspirantien angewendet, welche die Verdunstung der Sträucher vermindern sollen. Eine solche Verbindung ist z. B. Pinolen (di-1-p-Menthen), das Bestandteil des Präparats „Vapor Guard“ ist. Es wird im November mit ca. 1000 bis 3000 l Spritzbrühe in einer Aufwandmenge von 10 l pro ha ausgebracht. Andere Mittel, die Frostschäden an Kulturpflanzen verhindern können, wie „COMPO Frost Protect“, das auf Vitaminen und Frostschutzsubstanzen beruht, sind an Cranberries noch nicht getestet worden.

Cranberries eignen sich ausgezeichnet für die Containerkultur, wobei die Gefäße natürlich wesentlich kleiner als die für Heidelbeeren sein können. Durch Verwendung geeigneter Substrate – im Prinzip wie für die Heidelbeerkultur – macht man sich dadurch vom Standort und seinen Bodenverhältnissen unabhängig. Cranberrypflanzen in Töpfen sind auch bei Hobbygärtnern, z. B. als fruchtbringende Ampelpflanzen, sehr beliebt.

4.2.6 Ernte

Je nach Verlauf des Sommers findet die Cranberryernte unter unseren Klimabedingungen von September bis Anfang November statt. Die Ernte von Früchten an den niederliegenden Pflanzen ist naturgemäß schwierig und erfordert besondere Maßnahmen. Da es in größeren Betrieben wirtschaftlich unmöglich ist, die vielen, praktisch auf dem Boden liegenden Beeren ausschließlich mit der Hand zu ernten, müssen spezielle Geräte oder Techniken eingesetzt werden.

Realistische Erträge von Cranberries liegen in den USA bei etwa über 15 t je ha. Die Fruchtproduktion setzt bereits im zweiten Jahr nach der Pflanzung ein, das volle Ertragspotenzial wird nach vier Jahren erreicht. Besonders für den Frischmarkt werden die Früchte „trocken“ geerntet, wobei Maschinen eingesetzt werden, die die Früchte möglichst schonend von den Trieben abstreifen.

Um den Erntehelfern die mühsame Handarbeit zu erleichtern, können leichte, tragbare Bänke oder andere Sitzgelegenheiten mitgeführt werden. Sinnvoll ist auch die Verwendung von „Erntekämmen“, das sind schaufelähnliche Behälter mit Metallzinken, die per Hand durch den Bestand geführt werden und die Beeren dabei von den Sträuchern abstreifen und sammeln. Diese „Scoops“ wurden in den USA entwickelt und erhöhen die Ernteleistung, die bei reiner Handpflücke

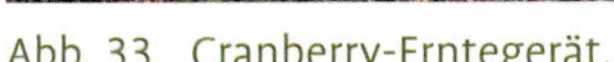

Abb. 33. Cranberry-Erntegerät.

Abb. 34. Gereinigte und sortierte Cranberryfrüchte.

bei etwa 3 bis 4 kg pro Stunde liegt. Das „Kämmen" muss sehr vorsichtig durchgeführt werden, da die Ranken sonst aus dem Boden gerissen werden und vertrocknen können. Es gibt auch kleine, motorbetriebene Erntemaschinen, die im Aussehen an Rasenmäher erinnern und die die Früchte mit Kamm- und Schütteleinrichtungen schonend von den Trieben abtrennen und sammeln. Ein solches handgeführtes Erntegerät bewältigt etwa 200 m^2 pro Stunde. Die geernteten Früchte müssen anschließend noch aufwendig gereinigt, sortiert und von Hand nachverlesen werden.

Nur im wirklich großflächigen Anbau wie in den USA ist die Überflutungsmethode sinnvoll. Dies setzt natürlich ein von Dämmen umgebenes Feld voraus, auf dem Wasser in einer Höhe von etwa 40 cm angestaut werden kann. Zur Ernte werden die reifen Beeren entweder zunächst von den Trieben abgestreift („gekämmt"), anschließend wird das gesamte Feld geflutet. Man kann aber auch nach dem Fluten der Felder mit handgeschobenen Einachs-Motorschüttlern oder mithilfe von Wirbel erzeugenden Maschinen die Früchte unter Wasser von den Trieben ablösen. Die Beeren schwimmen aufgrund ihrer geringen spezifischen Dichte auf der Wasseroberfläche. Sie werden dann mit Schläuchen oder großen Rechen an einer Stelle des Feldes zusammen getrieben und mit Förderbändern aus dem Wasser auf Lkws verladen. Nach anschließender Sortierung werden die Früchte möglichst schnell der Verarbeitung zugeführt.

Es wurde allerdings dabei festgestellt, dass durch Bewässerungs- und Flutungsmaßnahmen auch Krankheitserreger, wie *Phytophtora cinnamomi*, im Wasser weitläufig verbreitet werden.

4.2.7 Schädlinge und ihre Bekämpfung

Besondere Bedeutung im amerikanischen Anbau haben verschiedene Schmetterlingslarven, die durch ihre Fraßtätigkeit Cranberrypflanzungen stark schädigen können. Sie werden aufgrund ihrer Schadbilder oder ihres Aussehens mit populären Namen bezeichnet:

- „Cutworms" (cut = schneiden): Eulenraupen, die vornehmlich nachts an den Blättern fressen und dabei mehr Blattmaterial zu Boden fallen lassen als sie aufnehmen können (z. B. *Agrotis ypsilon*).
- „Fireworms" (fire = Feuer): Die Larven spinnen die Blätter zusammen und fressen die Triebe kahl, sodass das Feld den Eindruck macht, es sei abgebrannt worden (z. B. *Ropobota naevana*).
- „Fruitworms" (fruit = Frucht): Diese Larven fressen u. a. auch direkt an den Früchten (z. B. *Acrobasis vaccinii*).
- „Spanworms": Spannerraupen, die sich aufgrund fehlender Beinpaare in der Körpermitte eigenartig fortbewegen (z. B. *Cingilia catenaria*).

Die traditionelle Methode des zeitweiligen Überflutens der Felder wird in bestimmten Fällen auch zur Eindämmung von Schädlingen eingesetzt. So kann z. B. eine Überflutung von Mitte April bis Mitte Mai das Auftreten des gefürchteten „Cranberry Fruitworms" (*Acrobasis vaccinii*) in Nordamerika wirksam unterbinden.

Blackheaded Fireworm, Schwarzköpfige Feuerraupe (*Ropobota naevana*)

Der Falter ist ein bedeutender Schädling auf Cranberrypflanzen in den USA. Er kommt zweimal im Jahr zur Eiablage. Die erste Eiablage erfolgt im Juni/Juli, die frühen Larven fressen an Blüten, Trieben und Früchten. Die zweite Larvengeneration im August/September frisst u. a. an den Blütenknospen für das nächste Jahr und überwintert im Larvenstadium. Der Schädling kann durch Überfluten der Felder gut bekämpft werden. Diese Maßnahme ist besonders effektiv, wenn das Wasser warm ist und wenig gelösten Sauerstoff enthält. Zur Bekämpfung der Schmetterlinge werden heute auch Pheromonfallen oder biologische Gegenspieler, wie *Trichogramma*-Arten (Hautflügler), eingesetzt.

Cranberry Fruitworm, Cranberry Fruchtmotte (*Acrobasis vaccinii*)

Die Raupen dieses in den USA bedeutenden Schädlings schlüpfen nach der Blüte und können im Laufe ihrer langen Entwicklung bis zum Herbst jeweils mehrere Beeren anfressen. Zum Überwintern spinnen sich die Larven ein, wobei der Kokon auf dem Boden liegend oder leicht eingegraben zu finden ist. Im Frühjahr schlüpft die nächste Faltergeneration und die Weibchen kommen vor der Blüte zur Eiablage. Die Bekämpfung erfolgt in den USA durch die winterlichen Überflutungsmaßnahmen und den Einsatz von Insektiziden.

Gipsy Moth, Schwammspinner (*Lymantria dispar*)
Der Schwammspinner gelangte bereits Mitte des 19. Jahrhunderts von Europa nach Amerika und hat sich dort zu einem wichtigen Schädling etabliert. Die Raupen fressen zunächst an den Terminalknospen und schränken so den Neutrieb merklich ein. Im Verlauf der Vegetationsperiode ernähren sie sich vornehmlich vom Neutrieb, machen aber auch vor älteren Blättern und sogar vor der Rinde der Triebe nicht Halt. Schon wenige Tiere können auf diese Weise erheblichen Schaden anrichten. Auch hier erfolgt die Bekämpfung durch Überflutung der Felder und Insektizide.

Als weitere Schädlinge können Nematoden auftreten, die für ein „Die-Back-Symptom“ (= Absterben der Ranken) verantwortlich gemacht werden, u. a. *Hemicycliophora ritteri* und *Paratrichodorus minor*.

4.2.8 Krankheiten und ihre Bekämpfung
Aufgrund des nur vereinzelten Anbaus von Cranberries in Deutschland und Europa haben sich bei uns bisher nur wenige Krankheiten etabliert. Erst mit zunehmender Cranberry-Kulturfläche werden vor allem Pilzkrankheiten zu Problemen führen, die man aus dem amerikanischen Anbau bereits kennt (siehe auch Tab. 34).

False Blossom, Falsche Blüte (Phytoplasmose)
Nach anfänglichem Rätselraten ist man heute sicher, dass es sich bei dem Erreger der wohl bedeutendsten Cranberrykrankheit um Phytoplasmen handelt, also um primitive Bakterien ohne Zellwand. Dieser Erreger wird durch den Stumpfnasigen Blattfloh (Blunt-Nosed Leafhopper, *Scleroracus vaccinii*) übertragen. Infizierte Pflanzen entwickeln im Anfangsstadium Blüten, die nicht nach unten hängen, sondern auffällig aufrecht stehen. Das Farbspiel der Blüten ist ebenfalls verändert, es kommen sowohl kräftig rot gefärbte als auch blassgrüne Blüten vor. Diese Blüten vertrocknen schließlich und können mehrere Jahre an den Trieben verbleiben. Mit fortschreitender Infektion werden die neuen Blüten stark missgestaltet. Außerdem treiben sehr viele Seitenknospen aus, sodass der Eindruck eines Besenwuchses entsteht. Die Erträge gehen drastisch zurück. Eine weitere Verbreitungsursache ist wahrscheinlich auch die Verwendung von krankem Pflanzmaterial. Eine Eindämmung der Krankheit kann damit über die Bekämpfung des Überträgers und besondere Vorsicht bei der Auswahl von Jungpflanzen (gesundes Material) erreicht werden.

Tab. 33. Weitere Schädlinge an Cranberries

Systematischer Name	Englische Bezeichnung	Deutsche Bezeichnung
Acleris minuta	Yellow-Headed Fireworm	Schmetterlingsraupe
Agrotis ypsilon	Black Cutworm	Ypsilon-Eule
Anomogyna dilucida	Owklet Moth	Eulenraupe
Anthonomus musculus	Cranberry Weevil	Rüsselkäfer
Aroga trialbama culella	Striped Fireworm	Gestreifter Feuerwurm
Amathes c-nigrum	Spotted Cutworm	C-Eule, Schwarzes C
Cingilia catenaria	Chain-Spotted Geometer	Schmetterlingsraupe
Cirphis unipuncta	True Armyworm	Eulenraupe
Chrysoteuchia topiaria	Cranberry Girdler	Wicklerraupe
Coptodisca negligens	Leaf Miner	Blattminierer
Crambus hortuellus	Cranberry Girdler	Wicklerraupe
Dasyneura vaccinii	Cranberry Tipworm	Gallmücke
Datana drexelii	Drexels Datana	Schmetterlingsraupe
Ematurga amitaria	Brown Cranberry Fireworm	Brauner Spanner
Epiglaea apiata	Cranberry Blossomworm	Eulenraupe
Hemerocampa leucostigma	Whitemasket Tussock Moth	Weißmaskierte Büschelmotte
Itame sulphurea	Green Cranberry Spanworm	Grüner Spanner
Lagoa crispata	Crinkled Flannel Moth	Faltige Flanellmotte
Laphyagma fungiperda	Fall Armyworm	Eulenraupe
Lichnante vulpina	Cranberry Root Grub	Wurzelmade
Oligynchus ilicis	Southern Red Mite	Südliche Rote Milbe
Otiorhynchus sulcatus	Black Vine Weevil	Gefurchter Lappenrüssler
Phyllophaga anxia	White Grub	Weiße Made
Scleroracus vaccinii	Blunt-Nosed Leafhopper	Stumpfnasiger Blattfloh
Sparganothis sulfureana	Fireworm	Feuerraupe
Xylena nupera	False Armyworm	Eulenraupe

Tab. 34. Weitere Krankheiten an Cranberries

Systematischer Name	Englische Bezeichnung	Deutsche Bezeichnung
Virosen		
	Cranberry Ringspot	Ringflecken
Mykosen		
Acanthorhyncus vaccinii	Blotch Rot	Lagerfäule
Botryosphaeria vaccinii	Leaf Spot, Leaf Drop	Blattflecken
Ceuthospora lunata	Black Rot	Schwarzfäule
Colletotrichum gloeosporioides	Bitter Rot, Anthracnosis	Bitterfäule, Anthraknose
Diaporthe vaccinii	Dieback of Uprights	Triebsterben
Exobasidium vaccinii	Red Leaf Spot und Rose Blossom	Rote Blattflecken und rosa Blüte
Gibbera compacta	Leaf Spot und Speckling	Blattflecken, Lagerfäule
Glomerella cingulata vaccinii	Bitter Rot	Lagerfäule
Guignardia vaccinii	Early Rot	Lagerfäule
Monilia oxycocci	Cranberry Cottonball, Hart Rot und Tip Blight	Lagerfäule und Schäden an Trieben und Blüten
Monilia vaccinii-corymbosi	Hart Rot und Tip Blight	Spitzendürre und Hartfäule
Mycosphaerella nigromaculans		Schwarze Blattflecken
Naevia oxycocci	Leaf Blight	Blattbrand
Penicillium spp.		Lagerfäule
Pestallozia vaccinii		Lagerfäule
Phoma spp.		Lagerfäule
Phytophtora cinnamomi	Cranberry Root Rot, Dieback	Wurzelfäule, Triebsterben
Protoventuria barriae	Early Leaf Spot	Frühe Blattflecken
Pseudotracylla falcata	Fruit Rot	Fruchtfäule
Psilocybe agrariella	Fairy Rings	Hexenringe
Sclerotinia oxycocci	Hart Rot	Hartfäule
Sporonema oxycocci	Wood Ripe Rot	Lagerfäule
Synchytrium vaccinii	Black Spot	Rote Gallen

Spitzendürre und Hartfäule (*Monilia vaccinii-corymbosi*)
Im Frühjahr wird der Neutrieb infiziert, der vertrocknet und braun wird. Es zeigt sich ein graugrüner Pilzsporenrasen. Aus diesem können die Sporen dann die Früchte befallen. Letztere bleiben klein und gelblich, in ihrem Inneren entwickelt sich ein Pilzgeflecht. Der Pilz überwintert in den Fruchtmumien und bildet im Frühjahr auf kleinen, gestielten Fruchtkörpern Sporen, die für die Infektion der Neutriebe zuständig sind. Die Bekämpfung erfolgt durch Überflutung der Anlage und Einsatz von Fungiziden. Die Spitzendürre befällt auch Heidelbeerarten.

Endfäule (*Godronia cassandrae*)
Besondere Bedeutung hat diese Krankheit während des Transportes und der Lagerung von Früchten. Infizierte Beeren werden, ausgehend von der Stielregion, weich und verbräunen. Nach einigen Tagen beginnen sie zu schrumpeln und vertrocknen. Da die Pilzinfektion meistens schon auf dem Feld stattfindet, bietet eine gewissenhafte Hygiene während des Anbaus den besten Schutz vor dieser und anderen Lagerfäulen (u. a. *Gibbera compacta* und *Glomerella cingulata vaccinii*).

Ein abiotischer Schaden ist der Sonnenbrand der Früchte (Cranberry scald), wobei es auf der Sonnenseite der Früchte zu Verfärbungen und Absterbeerscheinungen kommt. Die Symptome treten verstärkt bei klarem Himmel, Temperaturen über 27 °C und niedriger Luftfeuchte (unter 45 %) auf. Auch bei anderen Obstarten ist dieses Phänomen in jüngerer Zeit häufiger zu beobachten. Man nimmt an, dass neben der lokalen Überhitzung der Fruchtschale auch die durch die Ozonlöcher in der Atmosphäre bedingte erhöhte Ultraviolettstrahlung eine Rolle spielt.

4.3 Weitere Vaccinium-Arten

In den USA werden große Wildbestände von verschiedenen Heidelbeerarten beerntet und extensiv gepflegt. In Skandinavien gibt es, z. B. in Nordschweden, eine Sammelwirtschaft von Wildbeerenfrüchten, von denen aus der *Vaccinium*-Familie vornehmlich die Waldheidelbeere (= Blaubeere *Vaccinium myrtillus*) und die Moosbeere (*Vaccinium oxicoccus*) organisiert durch den Einsatz von Erntearbeitern gesammelt und anschließend verarbeitet werden.

Auch in den deutschen Heidelbeerbetrieben findet man nicht nur die Kulturheidelbeere *Vaccinium corymbosum*, sondern auch andere Arten wie *Vaccinium parvifolium*, die Rotfrüchtige Heidelbeere und die Preiselbeere (*Vaccinium vitis-idaea*) in den Sorten ‘Koralle’ und ‘Sanna’. Auch Zwergformen als Bodendecker werden angeboten, so z. B. die Zwergpreiselbeere (*Vaccinium vitis-idaea minus*), die aus Nordamerika stammt.

Von einem Anbau im eigentlichen Sinne kann man bei diesen Arten jedoch nicht sprechen, wenn es in Norddeutschland auch einige kleine Preiselbeerflächen gibt. Diese *Vaccinium*-Arten sind vielmehr als interessante Alternativen für den Hausgarten oder allenfalls sehr kleinflächigen Anbau geeignet. Auch Waldheidelbeerpflanzen (*Vaccinium myrtillus*) werden im Handel angeboten und können im Hausgarten erfolgreich kultiviert werden. Bei all diesen Arten kommt man über einen Bodenaustausch gegen ein geeignetes Substrat wie Torf vor der Pflanzung nicht herum.

5 Betriebswirtschaftliche Aspekte

5.1 Vaccinium-Arten im Obstbetrieb

Kulturheidelbeeren haben in den letzten Jahren Einzug in viele Obstbetriebe gehalten, die dieser Art angemessene Wachstumsbedingungen bieten können. Heidelbeeren wurden durch die intensiven Werbekampagnen einiger Vorreiterbetriebe beim breiten Publikum bekannter und werden deshalb verstärkt nachgefragt. Ob dies auch bei Cranberries gelingt, bleibt abzuwarten. Auch hier gibt es einige wenige „Pioniere", in deren Windschatten sich weitere Spezialbetriebe etablieren werden.

Die Entscheidung, Heidelbeeren oder Cranberries anzubauen, sollte das Ergebnis sorgfältiger Überlegungen sein. Wie bei allen anderen Obstarten gilt auch hier, dass vor der Pflanzung der Sträucher der Absatz der Früchte über Vertragsanbau, Erzeugergemeinschaften oder Direktverkauf geklärt sein sollte.

Während Kulturheidelbeeren schon recht gut in den Markt eingeführt wurden und deshalb mittlerweile auch in der Bevölkerung bekannt sind, bleiben Cranberries echte „Exoten". Als Verarbeitungsfrüchte braucht der Anbauer Betriebe als Partner, die aus den Früchten interessante Produkte herstellen können. Hier ist man trotz intensiver Bemühungen einzelner Produzenten sicher noch ganz am Anfang. Bei Heidelbeeren sind die Absatzchancen deutlich besser. Konzentrierte sich der Anbau in Deutschland bis zur Jahrtausendwende überwiegend auf Niedersachsen, so haben andere Bundesländer, wie Brandenburg, in den letzten Jahren deutlich aufgeholt. Trotzdem bestehen noch große Entwicklungspotenziale, zumal die langfristige Preistendenz für die Früchte immer noch nach oben weist. Besonders in Stadtnähe können Heidelbeeren für viele Obstbetriebe eine interessante Alternative zur Erweiterung ihres Angebotes sein. Die Einfuhren aus dem Ausland übertreffen bei weitem die deutsche Inlandsproduktion. Im Jahr 2014 wurden mehr als 30 000 t gefrorene und frische *Vaccinium*-Früchte eingeführt, während die Inlandsproduktion bei etwa 10 000 t pro Jahr lag. Der Pro-Kopf-Konsum an Heidelbeeren in Deutschland beträgt etwa 300 g im Jahr. Würde der Verbrauch auch nur um 100 g ansteigen, hätte das theoretisch eine Verdoppelung der heute bestehenden Anbaufläche in Deutschland zur Folge. Hier bestehen also noch große Chancen für den einheimischen Anbau!

Wie jede andere Obstart, sind Heidelbeeren und Cranberries Dauerkulturen, die hohe Investitionen verlangen und erst nach vielen

Jahren einen Geldrückfluss erwarten lassen. In einer Beispielrechnung konnten Görgens und Entrop (2000) von der Obstbauversuchsanstalt Jork zeigen, dass bei optimaler Bestandes- und Ertragsentwicklung das Konto einer Kulturheidelbeeranlage (Konto bedeutet hier: alle Aus- und Einzahlungen, die diese Anlage betreffen incl. Verzinsung) nach durchschnittlich 13 Jahren einen positiven Stand erreicht. Bei einem vorausgesetzten optimalen Verlauf betrug die Amortisationsdauer nur zehn Jahre, bei Annahme eines schlechten Ertragsverlaufs erreichte das Konto jedoch erst nach 19 Jahren den positiven Bereich. Dabei wurden die in Tabelle 35 aufgeführten Grunddaten für eine Heidelbeeranlage vorausgesetzt, wobei weitere Sondermaßnahmen, z. B. ein Vogelnetz, oder die Gemeinkosten nicht berücksichtigt werden konnten.

Probleme bei der Errichtung einer Heidelbeer- oder Cranberryanlage können sich aus wirtschaftlichen, aber auch aus Gründen des Naturschutzes ergeben. So ist die häufige Forderung, Heidelbeeren auf Wald- oder Heidestandorten zu etablieren, mit der Konsequenz verbunden, solche Flächen auch tatsächlich zu finden. Die Rodung eines Waldes hat immer sehr kostenintensive Ausgleichsmaßnahmen zur Folge, nämlich die Neupflanzung von Bäumen im Umfang der erfolgten Rodeaktion. Neben den Pflanzkosten fallen daher auch Kosten für die umgewidmeten Flächen an. Heide- oder Moorflächen unterliegen darüber hinaus strengen Schutzbestimmungen und können nur selten ohne hohe Auflagen für die gartenbauliche Produktion genutzt werden. Auch bei einem Bodenaustausch können Probleme auftreten, denn das klassische Substrat Torf ist in Deutschland Teil der öffentlich geführten Umweltdiskussionen und kann bei offensichtlicher Verwendung zu einem Imageschaden für den Betrieb führen.

In neuerer Zeit wurden die eingeführten Kulturheidelbeeren auf die Liste der Neophyten gestellt, d. h. „invasive, gebietsfremde Pflanzen“, die einheimische Arten aus ihren natürlichen Verbreitungsräumen verdrängen können. Tatsächlich wurde in Niedersachsen festgestellt, dass die von Vögeln verbreiteten Samen in Moorgebieten zu dichten Kulturheidelbeerbeständen führen, die moortypische Pflanzen stark unterdrücken.

5.2 Absatz

Heidelbeeren sind eine ausgezeichnete Frucht für die Direktvermarktung ab Hof oder über den Marktstand. Mindestens die Hälfte der deutschen Heidelbeerernte wird auf diese Weise abgesetzt, während der Rest von Großmärkten oder Verarbeitern aufgenommen wird.
In Nordamerika werden jeweils etwa 45 % der Ernte frisch vermarktet bzw. der Verarbeitung zugeführt, während ca. 10 % über die Selbstpflücke abgesetzt werden.

Tab. 35. Kosten und Erlöse in einer Heidelbeeranlage (2500 Sträucher pro ha, Pflanzenkosten: 2 € pro Strauch) (nach Görgens und Entrop 2000)

Position	Kosten bzw. Erlös
Anlagekosten	19 000 €
Frostschutzberegnung	5 000 €
Tropfbewässerung	3 000 €
Zaun	1 750 €
Bodenvorbereitung	2 100 €
Erntekosten	1,00 €/kg
Kosten für Sortierung, Verpackung und Lagerung	0,65 €/kg
Durchschnittspreis Heidelbeerfrüchte	2,75 €/kg

Der Anbau von Heidelbeeren auf Teilflächen für die Selbstpflücke durch den Kunden ist heute bereits fester Bestandteil des Vermarktungsprozesses von frischen Heidelbeeren. Selbstpflückanlagen stellen eine große Herausforderung an die Betriebsführung dar, können jedoch bei guter Organisation der Abläufe erheblich zur Sicherung des Betriebseinkommens beitragen. Idealerweise fügt sich eine Selbstpflückanlage in das Gesamtkonzept eines Beerenobstbetriebes ein, das in vielen Fällen auch andere Obstarten, wie Erdbeeren und weitere Strauchobstarten, mit einschließt. Kunden können auch über einen Hofladen gebunden werden, indem neben Obst auch andere regionale Produkte angeboten werden. Attraktionen für Kinder, wie etwa Spielplätze und Tiere, ergänzen sinnvoll das Angebot. Solche Erlebnisbetriebe finden sich heute bevorzugt in unmittelbarer Nähe zu Siedlungsgebieten, denn der typische Kunde von Selbstpflückanlagen und Hofläden wohnt in großen Städten und sucht als Ausgleich zum urbanen Leben das Naturerlebnis, mit eigener Hand Obst zu ernten.

Als weitere Voraussetzungen sind unbedingt zu beachten:

- Lage: gute Erreichbarkeit (mit dem Auto), Stadtnähe,
- Parkplätze,
- Sanitäranlagen,
- Beschilderung, Wiegestation, Kasse, Behälter für die Früchte,
- Personal für die Abwicklung der Betriebsabläufe.

Bedacht werden muss auch, dass es bei der Selbstpflücke zu Schäden in der Anlage kommen kann, besonders bei Jungpflanzen. Gute Erfahrungen liegen beispielsweise damit vor, die ersten Früchte mit eigenen Kräften zu ernten und die Sträucher erst in den folgenden

Erntedurchgängen für die Selbstpflücke freizugeben, zumal die Fruchtgröße im Verlauf der Erntedurchgänge deutlich abnimmt.

Die Bewerbung von Kulturheidelbeeren und – in besonderem Maße – von Cranberries erfolgt heute intensiv über unterschiedliche Medien, denn hier besteht noch ein erheblicher Informationsbedarf bei den Konsumenten. Neben Anzeigen in der regionalen Presse, Postwurfsendungen und Hinweisen der lokalen Radiosender auf die bevorstehende Heidelbeerernte hat mittlerweile das Internet eine überragende Bedeutung für die Vermarktung erreicht. Dies zeigt sich in den zahlreichen und interessant gestalteten Homepages der meisten Heidelbeeranbauer bzw. Erzeugergemeinschaften. Die Werbung für die eigenen Heidelbeeren und Cranberries sollte unbedingt mit Hinweisen über Herkunft und Besonderheiten der Arten, die speziellen Eigenschaften ihrer Früchte, wie der hohe Gesundheitswert, sowie praktischen Tipps zur Verwendung und Verarbeitung der Früchte versehen werden. Diese zusätzliche Mühe ist eine lohnende Investition in die Zukunft, denn je mehr der Verbraucher über die Früchte weiß, desto eher wird er sie im nächsten Jahr auch wieder nachfragen. Letztlich lassen sich aus Heidelbeeren auch interessante Verarbeitungsprodukte herstellen, die das Angebot im Hofladen ergänzen, wie z. B. der beliebte Heidelbeerwein.

Cranberries sind fast reine Verarbeitungsfrüchte. Hier gilt es deshalb, vor der Pflanzung einen zuverlässigen Abnehmer zu finden, der am leichtesten im Bereich der Saft- und Getränkehersteller zu finden ist. Interessant kann es auch sein, die im eigenen Betrieb erzeugten Früchte selbst oder in Zusammenarbeit mit Verarbeitern zu veredeln und diese Erzeugnisse dann im eigenen Hofladen anzubieten. So lange Cranberries bei uns noch über einen geringen Bekanntheitsgrad verfügen, ist die Investition sehr genau zu überlegen, denn es scheint nicht sinnvoll, amerikanische Verhältnisse zu kopieren. Die Erstellungskosten für eine bodennivellierte Cranberryanlage werden in den USA beispielsweise mit etwa 75 000 $ pro ha angegeben. Diese Investition beginnt sich frühestens nach 10 bis 20 Jahren auszuzahlen.

6 Lagerung und Verarbeitung

Durch Lagerung und Frischhaltung kann der Angebotszeitraum für frische Heidelbeeren deutlich verlängert werden, im besten Fall und bei Einsatz moderner Lagerungstechnik um bis zu 3 Monate. Ziel ist es, die Qualität der Früchte über einen ökonomisch interessanten Zeitraum aufrecht zu erhalten. Ihre optimalen Genusseigenschaften erreicht die Beere nur am Strauch; deshalb kann der günstigste Erntetermin für die Lagerung nur ein Kompromiss aus guten Geschmackseigenschaften und der gewünschten Lager- bzw. Transportfähigkeit sein. Grundsätzlich sollten Heidelbeeren nach der Ernte so wenig wie möglich angefasst oder umgepackt werden, um Druckschäden und ein Abwaschen der weißen Wachsschicht zu verhindern.

Da Heidelbeerfrüchte kein deutliches Trenngewebe ausbilden, entsteht beim Ablösen der Frucht eine Wunde, die sowohl die Gefäßverbindungen als auch Teile der Epidermis offen legt. Durch diese Wunde können Mikroorganismen eindringen. Mehr als 90 % aller Nacherntefäulnis soll auf diesem Wege entstehen. Eine möglichst kleine und schnell trocknende Abtrennzone ist deshalb auch ein wichtiges Züchtungsziel.

Das Auftreten von Fruchtfäulen kann durch schnelles Abkühlen und trockene Beeren vermindert werden. Besonders gefährdet sind Sorten mit einer großen Fruchtstielnarbe, über deren feuchte Oberfläche Pilze leicht in das Gewebe eindringen können. So tritt bei Früchten der Sorte 'Blueray' (große Narbe) nach einwöchiger Lagerung deutlich mehr Fruchtfäule auf (*Colletotrichum* sp. und *Alternaria* sp.) als bei Früchten von 'Bluechip' (kleine Narbe).

Wie in vorigen Kapiteln beschrieben, sind Heidelbeerfrüchte klimakterische Beeren, die zur Reife eine erhöhte Fruchtatmung aufweisen. Je höher jedoch die Eigenatmung der Früchte, desto geringer ist ihre Lagerfähigkeit. Bei der biologischen Atmung entsteht außerdem Wärme, die die Lagerfähigkeit zusätzlich verringert.

Es ist deshalb sehr wichtig, die Feldwärme der Früchte unmittelbar nach der Ernte abzuführen, d. h. die Früchte sofort zu kühlen. Geerntete Früchte sollten auch niemals auf dem Feld und vor allem nicht in der Sonne stehen gelassen werden.

Die größte Bedeutung hat die Temperatur während der Lagerung. Bereits durch eine einfache Kühlung von 20 °C auf fast 0 °C ohne Regelung der Luftzusammensetzung können Früchte der meisten Sorten bis zu achtmal länger aufbewahrt werden als bei Raumtemperatur. Früchte von 'Bluecrop', die ohne Kühlung maximal eine Woche ohne große Qualitätsverluste überdauern können, bleiben bei Kühlung

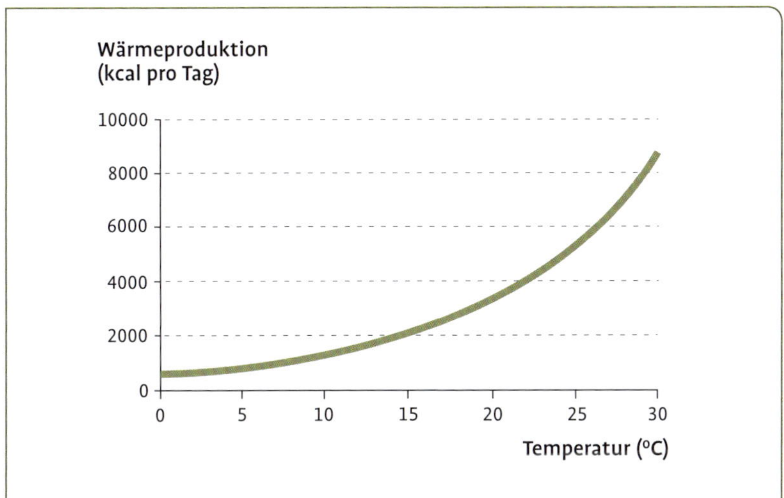

Abb. 35. Wärmeproduktion von 1 t Heidelbeerfrüchten bei unterschiedlichen Raumtemperaturen.

(0 °C) etwa sieben Wochen frisch. Durch zusätzliche Absenkung des Sauerstoffgehaltes auf 2 bis 3 % und Erhöhung der CO_2-Konzentration auf 8 bis 12 % kann die Lagerungsdauer von 'Bluecrop'-Früchten auf annähernd drei Monate erhöht werden.

Bei zu hohen CO_2-Konzentrationen (> 25 %) kann es jedoch zu unerwünschten Geschmacksveränderungen („off-flavours") kommen und bei Langzeitlagerung können in Folge hoher CO_2-Konzentration die Früchte vorzeitig weich werden.

Bei der Entscheidung über den Erntezeitpunkt ist außerdem zu bedenken, dass die Blaufärbung durch Produktion von Anthocyanfarbstoffen in der Fruchtschale auch nach der Abtrennung vom Strauch noch stattfinden kann, nicht jedoch eine weitere Erhöhung des Fruchtzuckergehaltes.

Generell haben weniger ausgereifte Früchte ein größeres Lagerungspotenzial als reifere. Ebenso können Sorten mit einem niedrigen Zucker-Säure-Verhältnis längere Zeit frisch gehalten werden als solche mit weniger Säure.

Nach der Ernte kann es zu Fruchtverlusten durch Pilzbefall kommen. Als wirtschaftlich wichtigste Krankheit gilt die Rhizopus-Weichfäule (*Rhizopus nigricans*). Befallene Früchte werden schnell weich und verlieren Saft, bei höheren Temperaturen kann ein weißer Pilzrasen auftreten. Der Pilz dringt über Wunden in die Frucht ein, Feuchtigkeit auf dem Erntegut verschlimmert die Infektion noch zusätzlich. Die effektivste Bekämpfung von *Rhizopus* erfolgt durch schnelle Abkühlung der Früchte nach der Ernte, denn bei einer Temperatur unter 10 °C kann der Erreger nicht mehr wachsen. Neben der Weichfäule löst der allgegenwärtige Pilz *Botrytis cinerea* den bekannten Grau-

Tab. 36. Lagerfähigkeit (in Tagen) von 'Bluecrop'-Früchten

Temperatur (°C)	Lagerfähigkeit in Normalatmosphäre	Lagerfähigkeit in geregelter Atmosphäre
20	7	13
5	27	44
0	49	88

schimmel aus. Auch hierbei werden die Früchte weich und wässrig und es zeigt sich das typische graue Pilzmycel auf der Fruchtoberfläche. Befallene Früchte klumpen zusammen. Da die Krankheit bereits im Bestand auftritt, ist der beste Schutz der Früchte eine gewissenhafte Hygiene der Sträucher und der Einsatz geeigneter Fungizide.

Weitere pilzliche Fäulen werden durch *Monilia-*, *Phomopsis-*, *Colletotrichum-* und *Alternaria-*Arten hervorgerufen.

Cranberryfrüchte verfügen über eine ungewöhnlich gute Frischhaltefähigkeit. In früheren Zeiten war es in den USA üblich, die Früchte in wassergefüllten Holzfässern aufzubewahren, worin sich diese monatelang frisch hielten, wenn das Wasser von Zeit zu Zeit erneuert wurde. Sicher muss die lange Haltbarkeit der Früchte mit ihren hohen Säuregehalten in Verbindung gebracht werden. So weisen die Früchte nennenswerte Gehalte an Benzoesäure auf, die ein bekanntes und häufig verwendetes Konservierungsmittel ist.

Modified Atmosphere Packaging (MAP) kann die Frische von Heidelbeerfrüchten ähnlich wie eine CA-Lagerung erhalten. Wichtig ist vor allem (mehr als die Art der verwendeten Folie) die Aufbewahrungstemperatur: Bei 4 °C werden die Früchte auch nach längerer

Abb. 36. Frische Cranberryfrüchte im Folienbeutel. Mehrsprachige Verkaufsverpackung eines US-amerikanischen Herstellers.

Abb. 37. Gesüßte Cranberryfrüchte als Snack.

Lagerung als „sauer mit typischem Heidelbeeraroma" beschrieben, bei 12 °C aber ansonsten gleichen Bedingungen stellen sich jedoch bittere Geschmackskomponenten und „Lagergeruch" ein.

Heidelbeeren und Cranberries bieten neben ihrer Nutzung für den Frischverzehr zahlreiche Möglichkeiten für die Verarbeitung. Während Heidelbeeren in erster Linie frisch vermarktet werden, ist die Cranberry fast ausschließlich eine Verarbeitungsfrucht.

Frische Heidelbeeren und Cranberries lassen sich problemlos tiefgefrieren und so über einen sehr langen Zeitraum haltbar machen. Tiefkühlware erleidet praktisch keine Qualitätsverluste und kann sehr gut zum Backen oder zur Herstellung von Fruchtsoßen benutzt werden. Kulturheidelbeeren sind eine ausgezeichnete Grundlage für Säfte und Nektare, entweder allein oder in Mischung mit anderen Obstarten. Cranberry- und Preiselbeermuttersaft sind hochwertige Produkte und werden fast ausschließlich in Drogeriefachmärkten oder in Naturkostläden angeboten. Sie müssen aufgrund ihres intensiven Geschmacks verdünnt oder mit anderen Säften gemischt werden. Oft werden sie zur unterstützenden Behandlung von Harnwegserkrankungen empfohlen. Ein sehr interessantes Produkt ist Heidelbeerwein mit seinem sehr typischen, ausgewogenen Geschmack. Destillate weisen dagegen nicht die Fülle anderer Obstbrände, wie etwa Birne oder Himbeere auf, da Heidelbeerfrüchte relativ wenig flüchtige Aromaverbindungen mitbringen.

Zunehmende Bedeutung nimmt bei der Verarbeitung die Nutzung von getrockneten Früchten für Müsli und Fruchtriegel ein. Selbstverständlich lassen sich Heidelbeeren und Cranberries auch sehr gut zu

Abb. 38. Getrocknete und gesüßte Cranberryfrüchte („Craisins").

Fruchtauftstrichen und Marmelade verarbeiten. Getrocknete Heidelbeerfrüchte finden sich in zahlreichen Früchteteemischungen. Die Pressrückstände der stark gefärbten Früchte werden neuerdings auch zu anthocyanin- und polyphenolreichen Konzentraten verarbeitet, deren positive Wirkung auf das Gefäßsystem und die Stressabwehr mit der des Rotweins vergleichbar ist.

Wenn auch noch nicht weit verbreitet, werden von einigen Verarbeitern auch Wellnessprodukte aus Heidelbeerfrüchten, wie Duftöle und Badezusätze, angeboten.

Fehlende Kenntnisse über die vielfältigen Verwendungsmöglichkeiten von Cranberryfrüchten seitens des Verbrauchers sind sicher derzeit noch eine wesentliche Ursache für den geringen Anbau in Europa. In den USA ist dies ganz anders, hier sind Cranberries eine wichtige Verarbeitungsfrucht und dienen überwiegend als Grundlage oder Zugabe zu zahlreichen Fruchtsäften und Getränken. Daneben werden auch getrocknete Früchte sowie Fruchtpulver gehandelt – Letzteres wird in vielen typischen amerikanischen Speisen eingesetzt. Weitere Verarbeitungsprodukte sind z. B. Fertigsoßen und Fruchtgelees, die in den USA zum traditionellen Truthahnbraten gereicht werden oder in Salaten Verwendung finden. In Backwaren eignen sich die Früchte besonders gut für die bekannten Cranberry-Muffins.

In den USA gehen 95 % der Cranberryernte in die Verarbeitung. Hier überwiegt die Saftherstellung, neben der die Früchte auch für

Fruchtsoßen, Würzmischungen sowie als getrocknete und gesüßte Halbprodukte für die Back- und Süßwarenindustrie verwendet werden. Ein interessantes getrocknetes Produkt ist die der Rosine ähnliche „Craisine", die als gesunder Snack eine gute Alternative zu den weniger gesunden Knabberprodukten der Süßwarenindustrie darstellt.

Frische Früchte sind aufgrund ihrer guten Lagerfähigkeit von September bis in den Spätwinter verfügbar. Tiefgefrorene Früchte erleiden kaum Qualitätsverluste und können in der Küche fast immer an Stelle von frischen Früchten verwendet werden.

Anhang

Literaturverzeichnis

Abbott, J. D. und Gough, R. E. (1986): Split-root water application to highbush blueberry plants. HortScience 21, 997–998.

Abbott, J. D. und Gough, R. E. (1987): Prolonged flooding effects on anatomy of highbush blueberry. HortScience 22, 622–625.

Allan, D. L., Cook, B. D. und Rosen, C. J. (1994): Nitrogen form and solution pH effect on organic acid content of cranberry roots and shoots. HortScience 29, 313–315.

Arora, R., Rowland, L. J. und Panta, G. R. (1997): Chill-responsive dehydrins in blueberry: Are they associated with cold hardiness or dormancy transitions? Physiologia Plantarum 101, 8–16.

Austin, M. E. und Bondari, K. (1987): Chilling hour requirement for flower bud expansion of two rabbiteye and one highbush blueberry shoots. HortScience 22, 1247–1248.

Averill, A. L., Sylvia, M. M., Kusek, C. C. und DeMoranville, C. J. (1997): Flooding in cranberry to minimize insecticide and fungicide inputs. American Journal of Alternative Agriculture 12, 50–54.

Baumann, T. E. und Eaton, G. W. (1986): Competition among berries on the cranberry upright. Journal of the American Society for Horticultural Science 111, 869–872.

Beaudry, R. (1992): Blueberry quality characteristics and how they can be optimized. Annual Report Michigan State Horticultural Society 122, 140–148.

Beaudry, R. M., Cameron, A. C., Shirazi, A. und Dostal-Lange, D. L. (1992): Modified-atmosphere packaging of blueberry fruit: Effect of temperature on package O_2 and CO_2. Journal of the American Society for Horticultural Science 117, 436–441.

Beaudry, R. M., Moggia, C. E., Retamales, J. B. und Hancock, J. F. (1998): Quality of 'Ivanhoe' and 'Bluecrop' blueberry fruit transported by air and sea from Chile to North America. HortScience 33, 313–317.

Billings, S. G., Chin, C. K. und Jelenkovic, G. (1988): Regeneration of blueberry plantlets from leaf segments. HortScience 23, 763–766.

Bilyk, A. und Sapers, G. M. (1986): Varietal differences in the quercetin, kaempferol, and myricetin contents of highbush blueberry, cranberry, and thornless blackberry fruits. Journal of Agricultural and Food Chemistry 34, 585–588.

Birrenkott, B. A. und Stang, E. J. (1989): Pollination and pollen tube growth in relation to cranberry fruit development. Journal of the American Society for Horticultural Science 114, 733–737.

Birrenkott, B. A., Henson, C. A. und Stang, E. J. (1991): Carbohydrate levels and the development of fruit in cranberry. Journal of the American Society for Horticultural Science 116, 174–178.

Bland, W. L., Loew, J. T. und Norman, J. M. (1996): Evaporation from cranberry. Agricultural and Forest Metereology 81, 1–12.

Blevins, D. G., Scrivner, C. L., Reinbott, T. M. und Schon, M. K. (1996): Foliar boron increases berry number and yield of two highbush blueberry cultivars in Missouri. Journal of Plant Nutrition 19, 99–113.

Brazelton, C. (2013): World Blueberry Acreage & Production 2012, North American Blueberry Council.

Brown, G. R., Wolfe, D. und Rasnake, M. (1988): Hints on growing blueberries. Comparison of two nitrogen fertilizer sources for highbush blueberries. HortScience 23, 314–315.

Byers, P. L. und Moore, J. N. (1987): Irrigation scheduling for young highbush blueberry plants in Arkansas. HortScience 22, 52–54.

Byers, P. L., Moore, J. N. und Scott, H. D. (1988): Plant-water relations of young highbush blueberry plants. HortScience 23, 870–873.

Callow, P., Haghighi, K., Giroux, M. und Hancock, J. (1989): In vitro shoot regeneration on leaf tissue from micropropagated highbush blueberry. HortScience 24, 373–375.

Cameron, A. C., Beaudry, R. M., Banks, N. H. und Yelanich, M. V. (1994): Modified-atmosphere packaging of blueberry fruit: Modeling respiration and package oxygen partial pressures as a function of temperature. Journal of the American Society for Horticultural Science 119, 534–539.

Cane, J. H. und Schiffhauer, D. (1997): Nectar production of cranberries: Genotypic differences and insensitivity to soil fertility. Journal of the American Society for Horticultural Science 122, 665–667.

Clark, J. R. und Maples, R. (1990): Leaf elemental concentration of highbush blueberry cultivars grown on a mineral soil. Fruit Varieties Journal 44, 89–92.

Clark, J. R., Riggs, R. D. und Moore, J. N. (1987): Plant parasitic nematodes associated with highbush blueberry in Arkansas. HortScience 22, 408–409.

Claussen, W. und Lenz, F. (1999): Effect of ammonium or nitrate nutrition on net photosynthesis, growth, and activity of the enzymes nitrate reductase and glutamine synthetase in blueberry, raspberry and strawberry. Plant and Soil 208, 95–102.

Clever, M. (2000): Heidelbeersortenvergleich über 13 Jahre auf 3 verschiedenen Standorten. Mitteilungen des Obstbauversuchsringes des Alten Landes 6, 192–197.

Cline, W. O. und Milholland, R. D. (1992): Root dip treatments for controlling blueberry stem blight caused by *Botryosphaeria dothidea* in container-grown nursery plants. Plant Disease 76, 136–138.

Cockfield, S. D. und Mahr, D. L. (1992): Flooding cranberry beds to control blackheaded fireworm (*Lepidoptera: Tortricidae*). Journal of Economic Entomology 85, 2382–2388.

Connor, A. M., Luby, J. J. und Tong, C. B. S. (2002): Variability in antioxidant activity in blueberry and correlations among different antioxidant activity assays. Journal of the American Society for Horticultural Science 127, 238–244.

Converse, R. H. und George, R. A. (1987): Elimination of mycoplasmalike organisms in 'Cabot' highbush blueberry with high-carbon dioxide thermotherapy. Plant Disease 71, 36–38.

Costantino, L., Rastelli, G., Rossi, T., Bertoldi, M. und Albasini, A. (1992): Antilipoperoxidant activity of polyphenolic crude extracts of some edible fruits. Planta Medica 58, 662–663.

Crane, J. H. und Davies, F. S. (1989): Flooding responses of *Vaccinium* species. HortScience 24, 203–210.

Creswell, T. C. und Milholland, R. D. (1987): Responses of blueberry genotypes to infection by *Botryosphaeria dothidea*. Plant Disease 71, 710–713.

Croft, P. J., Shulman, M. D. und Avissar, R. (1993): Cranberry stomatal conductivity. HortScience 28, 1114– 1116.

Cummings, G. A. (1984): Peach and blueberry nutrition. Annual Report Michigan State Horticultural Society 114, 31–41.

Curtis, P. D., Merwin, I. A., Pritts, M. P. und Peterson, D. V. (1994): Chemical repellents and plastic netting for reducing bird damage to sweet cherries, blueberries, and grapes. HortScience 29, 1151–1155.

Davenport, J. R. und Provost, J. (1994): Cranberry tissue nutrient levels as impacted by three levels of nitrogen fertilizer and their relationship to fruit yield and quality. Journal of Plant Nutrition 17, 1625–1634.

Davies, F. S. und Flore, J. A. (1986): Flooding, gas exchange and hydraulic root conductivity of highbush blueberry. Physiologia Plantarum 67, 545–551.

Degaetano, A. T. und Shulman, M. D. (1987): A statistical evaluation of the relationship between cranberry yield in New Jersey and metereological factors. Agricultural and Forest Metereology 40, 323–324.

DeMoranville, C. J. und Davenport, J. R. (1994): Field evaluation of potassium supplements in cranberry production. Journal of Small Fruit and Viticulture 2, 81–87.

Dierend, W. (2000): Anbau von Kulturheidelbeeren. Erwerbsobstbau 42, 121–125.

Dierend, W. (2002): Heidelbeer-Anbau. Obst und Garten 121, 360–362.

Dierend, W. und Bier-Kamotzke, A. (1999): Ertragsleistung von Kulturheidelbeeren. Erwerbsobstbau 41, 18–25.

Dierend, W. und Bier-Kamotzke, A. (2000): Einfluss der Pflanzweite auf den Ertrag von Kulturheidelbeeren. Erwerbsobstbau 42, 61–66.

Dogterom, M. H., Winston, M. L. und Mukai, A. (2000): Effect of pollen load size and source (self, outcross) on seed and fruit production in highbush blueberry cv. 'Bluecrop' (*Vaccinium corymbosum*, Ericaceae). American Journal of Botany 87, 1584–1591.

Doughty, C. C. (1984): Some effects of minor elements on cranberry. Canadian Journal of Plant Science 64, 339– 348.

Draper, A. und Hancock, J. (1990): The 'Bluecrop' highbush blueberry. Fruit Varieties Journal 44, 2–3.

Draper, A., Galletta, G., Jelenkovic, G. und Vorsa, N. (1987): 'Duke' highbush blueberry. HortScience 22, 320.

Eck, P. und Childers, N. F. (1966): Blueberry Culture. Rutgers University Press, New Brunswick, USA, 378 S.

Eck, P. und Stretch, A. W. (1986): Nitrogen and plant spacing effects on growth and fruiting of potted highbush blueberry. HortScience 21, 249–250.

Ehlenfeldt, M. K. und Prior, R. L. (2001): Oxygen radical absorbance capacity (ORAC) and phenolic and anthocyanin concentrations in fruit and leaf tissues of highbush blueberry. Journal of Agricultural and Food Chemistry 49, 2222–2227.

Ellinger, W. (2002): Marktbilanz Obst 2002. Verlag Zentrale Markt- und Preisberichtstelle, Bonn.

Entrop, A.-P. (1999): Der Heidelbeeranbau in den Vereinigten Staaten von Amerika – Teil I. Mitteilungen des Obstbauversuchsringes des Alten Landes 54, 408–417.

Entrop, A.-P. (2000): Der Heidelbeeranbau in den Vereinigten Staaten von Amerika – Teil II Kulturheidelbeerenanbau in Oregon und Florida. Mitteilungen des Obstbauversuchsringes des Alten Landes 55, 44–53.

Erb, W. A., Draper, A. D. und Swartz, H. J. (1993): Relation between moisture stress and mineral soil tolerance in blueberries. Journal of the American Society for Horticultural Science 118, 130–134.

Fa. Dierking (1999): Kultur-Heidelbeer-Anbau aus der Sicht des Praktikers. Selbstverlag. 35 S.

Fiedler, H. und Christ, E. (1986): Erfahrungen mit dem Anbau von Cranberries (*Vaccinium macrocarpon*) in einem süddeutschen Hochmoor. Erwerbsobstbau 28, 104–106.

Finn, C. E., Luby, J. J. und Wildung, D. K. (1990): Halfhigh blueberry cultivars. Fruit Varieties Journal 44, 63–68.

Finn, C. E., Rosen, C. J und Luby, J. J. (1990): Nitrogen form and solution pH effects on root anatomy of cranberry. HortScience 25, 1419– 1421.

Finn, C. E., Luby, J. J., Rosen, C. J. und Ascher, P. D. (1991): Evaluation in vitro of blueberry germplasm for higher pH tolerance. Journal of the American Society for Horticultural Science 116, 312–316.

Florkowski, W. J., Hubbard, E. E. und Krewer, G. W. (1993): Impact of marketing options on cultural practices of blueberry growers in Georgia. Journal of Small Fruit and Viticulture 1, 9–20.

Forney, C. F. (2001): Horticultural and other factors affecting aroma volatile composition of small fruits. Hort Technology 11, 529–538.

Frank, A. B. (1894): Die Bedeutung der Mykorrhiza-Pilze für die Gemeine Kiefer. Forstwissenschaftliches Centralblatt 16, 1852– 1890.

Gauthier, N. L. (1991): Site selection for highbush blueberries. The Grower 91, 1–3.

Gebhardt, K. und Friedrich, M. (1986): In vitro shoot generation of lingonberry clones. Gartenbauwissenschaft 51, 170–175.

Godefroid, J. und Neuweiler, U. R. (1997): Kulturheidelbeeren im Aufwind. Schweizerische Zeitschrift für Obst- und Weinbau, 278–279.

Goodman, R. D. und Clayton-Green, K. A. (1988): Honeybee pollination of highbush blueberries (*Vaccinium corymbosum*). Australian Journal of Experimental Agriculture 28, 287–290.

Gorchov, D. L. (1985): Fruit ripening asynchrony is related to variable seed number in *Amelanchier* and *Vaccinium*. American Journal of Botany 72, 1939–1943.

Görgens, M. und Entrop, A.-P. (2000): Kalkulationen zum Heidelbeeranbau. Mitteilungen des Obstbauversuchsringes des Alten Landes 55, 361–367.

Gosch, F. (1990): Gartenheidelbeere. Leopold Stocker Verlag, Graz, 80 S.

Gough, R. E. (1991): The Highbush Blueberry and its Management. Food Products Press, The Haworth Press, New York, 272 S.

Gough, R. E. und Korcak, R. F. (Hrsg., 1995): Blueberries – A Century of Research. Food Products Press, The Haworth Press, New York, 245 S.

Gustavsson, B. A. (1999): Effect of mulching on fruit yield, accumulated plant growth and fungal attack in cultivated lingonberry, cv. 'Sanna', *Vaccinium vitis-idaea* L. Gartenbauwissenschaft 64, 65–69.

Hahnfeld, C., Ebert, G. und Alexander, A. (2004): Einfluss von blattappliziertem Bor auf Boraufnahme und Fruchteigenschaften von Kulturheidelbeeren (*Vaccinium corymbosum*). Erwerbsobstbau 46, 129–132.

Haffner, K., Vestrheim, S. und Grønnerød, K. (1998): Qualitätseigenschaften von Kulturheidelbeersorten *Vaccinium corymbosum* L. Erwerbsobstbau 40, 112–116.

Hagidimitiou, M. und Roper, T. R. (1995): Seasonal changes in CO2 assimilation of cranberry leaves. Scientia Horticulturae 64, 283–292.

Haman, D. Z., Smajstrla, A. G. und Lyrene, P. M. (1988): Blueberry response to irrigation and ground cover. Proceedings of the Annual Meeting of the Florida State Horticulture Society 101, 235–238.

Haman, D. Z., Smajstrla, A. G., Pritchard, R. T. und Lyrene, P. M. (1997): Response of young blueberry plants to irrigation in Florida. HortScience 32, 1194–1196.

Hancock, J. F. und Draper, A. D. (1989): Blueberry culture in North America. HortScience 24, 551–556.

Hancock, J. F. und Nelson, J. (1988): Leaf potassium content and yield in the highbush blueberry. HortScience 23, 857–858.

Hancock, J. F., Retamales, J. B., Lyrene, P. M., Moggia, C. und Lolas, M. (1992): Blueberry culture in Chile: Current status, future prospects. Hort Technology 2, 310–315.

Hanson, E. J. (1987): Integrating soil tests and tissue analysis to manage the nutrition of highbush blueberries. Journal of Plant Nutrition 10, 1419–1427.

Hanson, E. J. (1995): Preharvest calcium sprays do not improve highbush blueberry (*Vaccinium corymbosum* L.) quality. HortScience 30, 977–978.

Hanson, E. J. (2000): Foliar boron sprays do not affect highbush blueberry productivity. Small Fruits Review 1, 35–41.

Hanson, E. J. und Hancock, J. F. (1990): Highbush blueberry cultivars and production trends. Fruit Varieties Journal 44, 77–81.

Hanson, E. J. und Retamales, J. B. (1992): Effect of nitrogen source and timing on highbush blueberry performance. HortScience 27, 1265–1267.

Hanson, E. J., Beggs, J. L. und Beaudry, R. M. (1993): Applying calcium chloride postharvest to improve highbush blueberry firmness. HortScience 28, 1033–1034.

Hashem, A. R. (1995): The role of mycorrhizal infection in the resistance of *Vaccinium macrocarpon* to manganese. Mycorrhiza 5, 289–291.

Hattendorf, M. J. und Davenport, J. R. (1996): Cranberry evapotranspiration. HortScience 31, 334–337.

Haynes, R. J. (1988): Soil requirements of blueberries in relation to their nutrition. Proceedings Annual Conference Agronomy Society of New Zealand 18, 143–147.

Haynes, R. J. und Swift, R. S. (1985): Growth and nutrient uptake by highbush blueberry plants in a peat medium as influenced by pH, applied micronutrients and mycorrhizal inoculation. Scientia Horticulturae 27, 285–294.

Haynes, R. J. und Swift, R. S. (1986): Effect of soil amendments and sawdust mulching on growth, yield and leaf nutrient content of highbush blueberry plants. Scientia Horticulturae 29, 229–238.

Herrmann, K. (1996): Über die Inhaltsstoffe von Heidelbeeren und Preiselbeeren. Industrielle Obst- und Gemüseverwertung 81, 218–223.

Herrmann, K. (1997): Anthocyanine als Farbstoffe unserer Obstarten. Erwerbsobstbau 39, 11–14.

Kader, F., Rovel, B., Girardin, M. und Metche, M. (1996): Fractionation and identification of the phenolic compounds of highbush blueberries (*Vaccinium corymbosum* L.). Food Chemistry 55, 35–40.

Kalt, W. und McDonald, J. E. (1996): Chemical composition of lowbush blueberry cultivars. Journal of the American Society for Horticultural Science 121, 142–146.

Keipert, K. (1981): Beerenobst. Angebaute Arten und Wildfrüchte. Verlag Eugen Ulmer, Stuttgart.

Kerley, S. J. und Read, D. J. (1995): The biology of mycorrhiza in the Ericaceae. XVIII. Chitin degradation by *Hymenoscyphus ericae* and transfer of chitin-nitrogen to the host plant. New Phytologist 131, 369–375.

Knuppen, H. (1998): Obstbau sprach mit Wilhelm Dierking, Nienhagen. Obstbau 10, 545–546.

Korcak, R. F. (1988): Nutrition of blueberry and other calcifuges. Horticultural Reviews 10, 183–227.

Korcak, R. F. (1989): Influence of micronutrient and phosphorus levels and chelator to iron ratio on growth, chlorosis, and nutrition of bluecrop highbush blueberries. Journal of Plant Nutrition 12, 1293–1310.

Korcak, R. F. (1992): Blueberry species and cultivar response to soil types. Journal of Small Fruit and Viticulture 1, 11–24.

Krüger, E. und Naumann, W. D. (1984a): Mineralstoffbedarf von *Vaccinium vitis-idaea* L. cv. 'Koralle'. I. Variation von N, P, K, Ca, Mg, Cu und pH-Wert. Gartenbauwissenschaft 49, 122–127.

Krüger, E. und Naumann, W. D. (1984b): Mineralstoffbedarf von *Vaccinium vitis-idaea* L. cv. 'Koralle'. II. Mehrfaktorielle Steigerung von N, Ca und Mg. Gartenbauwissenschaft 49, 175–179.

Krüger, E. und Naumann, W. D. (1984c): Mineralstoffbedarf von *Vaccinium vitis-idaea* L. cv. 'Koralle'. III. Mineralstoffgehalte im Blatt. Gartenbauwissenschaft 49, 220–226.

Latz-Weber, H. (1997): Innovative Getränkebranche – Neue Verbrauchertrends. Flüssiges Obst 64, 185–187.

Liebster, G. (1961): Die Kulturheidelbeere. Paul Parey Verlag, Berlin.

Liebster, G. (1972): Cranberry = Die Kulturpreiselbeere. Selbstverlag TU München, 217 S.

Liu, G., Chambers, S. M. und Cairney, J. W. G. (1998): Molecular diversity of ericoid mycorrhizal endophytes isolated from *Woollsia pungens*. New Phytologist 140, 145–153.

Luby, J. J., Wildung, D. K., Stushnoff, C., Munson, S. T., Read, P. E. und Hoover, E. E. (1986): 'Northblue', 'Northsky', and 'Northcountry' blueberries. HortScience 21, 1240–1242.

Lyrene, P. M. (1990): Low-chill highbush blueberries. Fruit Varieties Journal 44, 82–86.

Lyrene, P. M. und Sherman, W. B. (1988): Cultivation of highbush blueberry in Florida. Proceedings of the Annual Meeting of the Florida State Horticulture Society 101, 269–272.

MacKenzie, K. E. (1994): Pollination requirements of the american cranberry. Journal of Small Fruit and Viticulture 2, 33–44.

Magee, J. B. (1999): Storage quality evaluation of southern highbush blueberry cultivars Jubilee, Magnolia and Pearl River. Fruit Varieties Journal 53, 10–15.

Makus, D. J. und Morris, J. R. (1987): Highbush vs. rabbiteye blueberry: A comparison of fruit quality. Arkansas Farm Research 36, 5.

Makus, D. J. und Morris, J. R. (1993): A comparison of fruit of highbush and rabbiteye blueberry cultivars. Journal of Food Quality 16, 417–428.

Martin-Aragon, S., Basabe, B., Benedi, J. M. und Villar, A. M. (1998): Antioxidant action of *Vaccinium myrtillus* L. Phytotherapy Research 12, 104–106.

Maust, R. E., Williamson, J. G. und Darnell, R. L. (2000): Carbohydrate reserve concentrations and flower bud density effects on vegetative and reproductive development in southern highbush blueberry. Journal of the American Society for Horticultural Science 125, 413–419.

Meiners, U. (1998): Cranberryernte in den USA. Obstbau 7, 372–373.

Merhaut, D. J. und Darnell, R. L. (1996): Vegetative growth and nitrogen/carbon partitioning in blueberry as influenced by nitrogen fertilization. Journal of the American Society for Horticultural Science 121, 875–879.

Mingeau, M., Perrier, C. und Améglio, T. (2001): Evidence of drought-sensitive periods from flowering to maturity on highbush blueberry. Scientia Horticulturae 89, 23–40.

Moore, J. N. (1994): The blueberry industry of North America. Hort Technology 4, 96–102.

Moore, J. N., Brown, M. V. und Bordelon, B. P. (1993): Yield and fruit size of 'Bluecrop' and 'Blueray' highbush blueberries at three plant spacings. HortScience 28, 1162–1163.

Moore, J. N., Brown, M. V. und Bordelon, B. P. (1994): Plant spacing studies on highbush blueberries. Arkansas Farm Research 4, 8–9.

Muralitharan, M. S., Chandler, S. F. und van Steveninck, R. F. M. (1992): Effects of Na_2SO_4, K_2SO_4 and KCl on growth and ion uptake of callus cultures of *Vaccinium corymbosum* L. cv. 'Blue'. Annals of Botany 69, 459–462.

Muthalif, M. M. und Rowland, L. J. (1994): Identification of chilling-responsive proteins from floral buds of blueberry. Plant Science 101, 41–49.

Myers, R. F. (1991): Nematodes associated with dieback disease of cranberries. Supplement to Journal of Nematology 23, 629–633.

Näsholm, T., Ekblad, A., Nordin, A., Giesler, R., Högberg, M. und Högberg, P. (1988): Boreal forest plants take up organic nitrogen. Nature 392, 914–916.

Neuweiler, R. und Krebs, C. (1996): Heidelbeeren liegen im Trend. Schweizerische Zeitschrift für Obst und Weinbau 14, 376–377.

Nikusch, I. (2000): Die wichtigsten Krankheiten und Schädlinge an Kulturheidelbeeren. Obstbau 12, 673–675.

Odneal, M. B. und Kaps, M. L. (1990): Fresh and aged pine bark as soil amendments for establishment of highbush blueberry. HortScience 25, 1228–1229.

Oudemans, P. V. (1999): *Phytophtora* species associated with cranberry root rot and surface irrigation water in New Jersey. Plant Disease 83, 251–258.

Øydvin, J. und Øydvin, B. (1999): Highbush blueberry crops in a trial in Norway, 1988–1998. Fruit Varieties Journal 53, 155–159.

Palm, G. (2001): Maßnahmen zur Verhinderung von Fruchtfäulnis bei Kulturheidelbeeren. Mitteilungen des Obstbauversuchsringes des Alten Landes 56, 46–55.

Patten, K. D. und Wang, J. (1994a): Cranberry yield and fruit quality reduction caused by weed competition. HortScience 29, 1127– 1130.

Patten, K. D. und Wang, J. (1994b): Leaf removal and terminal bud size affect the fruiting habits of cranberry. HortScience 29, 997–998.

Peterson, D. L. und Brown, G. K. (1996): Mechanical harvester for fresh market quality blueberries. Transactions of the ASAE 39, 823–827.

Peterson, L. A., Stang, E. J. und Dana, M. N. (1988): Blueberry response to NH_4-N and NO_3-N. Journal of the American Society for Horticultural Science 113, 9–12.

Powell, C. L. und Bagyaraj, D. J. (1984): Effect of mycorrhizal inoculation on the nursery production of blueberry cuttings. New Zealand Journal of Agricultural Research 27, 467–471.

Prior, R. L., Cao, G., Martin, A., Sofic, E., McEwen, J., O'Brien, C., Lischner, N., Ehlenfeldt, M., Kalt, W., Krewer, G. und Mainland, C. M. (1998): Antioxidant capacity as influenced by total phenolic and anthocyanin content, maturity, and variety of *Vaccinium* species. Journal of Agricultural and Food Chemistry 46, 2686–2693.

Pritchard, R. T., Haman, D. Z., Smajstrla, A. G. und Lyrene, P. M. (1994): Water use and irrigation scheduling of young blueberries. Florida State Horticultural Society Meeting 106, 147–150.

Qu, L., Polashock, J. und Vorsa, N. (2000): A highly efficient in vitro cranberry regeneration system using leaf explants. HortScience 35, 948–952.

Read, D. J. (1987): In support of Frank's organic nitrogen theory. Angewandte Botanik 61, 25–37.

Reeder, R. K., Obreza, T. A. und Darnell, R. L. (1998): Establishment of a non-dormant blueberry (*Vaccinium corymbosum* hybrid) production system in a warm winter climate. Journal of Horticultural Science and Biotechnology 73, 655–663.

Roper, T. R. (1991): Leaf area and fruiting efficiency of large and small fruited cranberry cultivars. Fruit Varieties Journal 45, 56–59.

Roper, T. R. und Klueh, J. S. (1994): Removing new growth reduces fruiting in cranberry. HortScience 29, 199– 201.

Roper, T. R. und Vorsa, N. (1997): Cranberry: Botany and horticulture. Horticultural Reviews 21, 215–249.

Roper, T. R., Patten, K. D., DeMoranville, C. J., Davenport, J. R., Strik, B. C. und Poole, A. P. (1993): Fruiting of cranberry uprights reduces fruiting the following year. HortScience 28, 228.

Rosenfeld, H. J., Meberg, K. R., Haffner, K. und Sundell, H. A. (1999): MAP of highbush blueberries: Sensory quality in relation to storage temperature, film type and initial high oxygen atmosphere. Postharvest Biology and Technology 16, 27–36.

Sandler, H. A. (1998): Use of an antitranspirant to minimize winter injury on nonflooded cranberry bogs. HortScience 33, 644–646.

Schaper, U. und Converse, R. H. (1985): Detection of mycoplasmalike organisms in infected blueberry cultivars by the DAPI technique. Plant Disease 69, 193–196.

Schmid, P. P. S. (1986): Chemotaxonomische Untersuchungen von Preiselbeerblättern (*Vaccinium vitis-idaea* L.), eine Möglichkeit zur Unterscheidung von Typen verschiedener Herkunft. Erwerbsobstbau 102, 102–103.

Schwärzel, H. (1997): Anbau von Kulturheidelbeeren auf Ackerland. Obstbau 4, 180– 183.

Serres, R., Stang, E., McCabe, D., Russell, D., Mahr, D. und McCown, B. (1992): Gene transfer using electric discharge particle bombardment and recovery of transformed cranberry plants. Journal of the American Society for Horticultural Science 117, 174–180.

Shaw, G., Leake, J. R., Baker, A. J. M. und Read, D. J. (1990): The biology of mycorrhiza in the Ericaceae. XVII. The role of mycorrhizal infection in the regulation of iron uptake by ericaceous plants. New Phytologist 115, 251–258.

Shoemaker, J. S. (1978): Small Fruit Culture. AVI Publishing Company Westport, USA. 339 S.

Siefker, J. A. und Hancock, J. F. (1987): Pruning effects on productivity and vegetative growth in the highbush blueberry. HortScience 22, 210–211.

Smagula, J. M. (1993): Effect of boron on lowbush blueberry fruit set and yield. Acta Horticulturae 346, 183–187.

Song, Y., Kim, H. K. und Yam, K. L. (1992): Respiration rate of blueberry in modified atmosphere at various temperatures. Journal of the American Society for Horticultural Science 117, 925–929.

Storlie, C. A. und Eck, P. (1996): Lysimeter-based crop coefficients for young highbush blueberries. Hort-Science 31, 819–822.

Strik, B. C. und Poole, A. P. (1991): Timing and severity of pruning effects on cranberry yield and fruit anthocyanin. HortScience 26, 1462–1464.

Strik, B. C. und Poole, A. P. (1992): Alternate-year pruning recommended for cranberry. HortScience 27, 1327.

Strik, B. C. und Poole, A. P. (1995): Does sand application to soil surface benefit cranberry production? HortScience 30, 47–49.

Swain, P. A. W. und Darnell, R. L. (2001): Differences in phenology and reserve carbohydrate concentrations between dormant and nondormant production systems in southern highbush blueberry. Journal of the American Society for Horticultural Science 126, 386– 393.

Throop, P. A. und Hanson, E. J. (1998): Nitrification and utilization of fertilizer nitrogen by highbush blueberry. Journal of Plant Nutrition 21, 1731–1742.

United States Department of Agriculture (USDA) (2004): PLANTS National Database Reports and Topics. Download 15. 11. 04: www.plants.usda.gov/cgi_bin/topics. cgi?earl=plant_profile.cgi&symbole= VACCI

Upterworth, M. (1993): Neue Heidelbeerernter in den USA. Obstbau 8, 373.

U. S. Forest Service (2016): https//www.fs.fed.us/database/feis/plants/shrub/vaccor/all.html#DISTRIBUTION%20AND%20OCCURRENCE, download 08.11.2016.

van Dalfsen, K. B. und Gaye, M. M. (1999): Yield from hand and mechanical harvesting of highbush blueberries in British Columbia. Applied Engineering in Agriculture 15, 393–398.

Vincent, C. und Lareau, M. J. (1993): Effectiveness of methiocarb and netting for bird control in a highbush blueberry plantation in Quebec, Canada. Crop Protection 12, 397–399.

von Zabeltitz, C. (1989): Entwicklung einer Erntemaschine für Kulturpreiselbeeren. Erwerbsobstbau 6, 165–168.

Wang, S. Y., Maas, J. L., Payne, J. A. und Galletta, G. J. (1994): Ellagic acid content in small fruits, mayhaws, and other plants. Journal of Small Fruit and Viticulture 2, 39–49.

Widders, I. E. und Hancock, J. F. (1994): Effects of foliar nutrient application on highbush blueberries. Journal of Small Fruit and Viticulture 2, 51–62.

Williamson, J. G. und Miller, E. P. (2002): Early and mid-fall defoliation reduces flower bud number and yield of southern highbush blueberry. Hort Technology 12, 214–216.

Wirth, H. (1989): Dichtpflanzungen auch bei Kulturheidelbeeren? Obstbau 7, 290.

Wolfe, D., Chin, C. K. und Eck, P. (1986): Relationship of the pH of medium to growth of 'Bluecrop' highbush blueberry in vitro. HortScience 21, 296–298.

Wright, G. C., Patten, K. D. und Drew, M. C. (1994): Mineral composition of young rabbiteye and southern highbush blueberry exposed to salinity and supplemental calcium. Journal of the American Society for Horticultural Science 119, 229–236.

Yang, W. Q. und Goulart, B. L. (2000): Mycorrhizal infection reduces shortterm aluminium uptake and increases root cation exchange capacity of highbush blueberry plants. HortScience 35, 1083–1086.

Bildquellen

Farbfotos auf Tafeln:

Bundessortenamt, Prüfstelle Marquardt: Abb. 21f, 21 g, 21h

Georg Ebert, Kleinmachnow: Titelmotiv, Abb. 1, 2, 4 bis 13, 14, 16 bis 20, 21a, 21c, 21d, 21e, 21i, 22 bis 35

Häberli Obst- und Beerenzentrum AG, Neukirch-Egnach (Schweiz): Abb. 15.

Hans Reinhard, Heiligkreuzsteinach: Abb. 3

Burkhard Spellerberg, Burgdorf: Abb. 21b

Farbfotos im Text:

Alle Fotos im Text stammen von Georg Ebert, dem Autor des Buches.

Zeichnungen:

Die Zeichnungen fertigte Siegfried Lokau, Bochum-Wattenscheid, nach Vorlagen des Autors bzw. der angegebenen Quellen.

Register

A
Abscisinsäure 37
Acleris minuta 116
Acrobasis vaccinii 114
Actebia fennica 102
Adoxophyes orana 102, 104
Aerenchym 45
Agrobacterium tumefaciens 103
Agrotis ypsilon 114, 116
Alapaha 56
Alpine Blueberry 9
Alternanz 26
Alternaria tenuissima 103
Altica sylvia 102
Ama 53
Amathes c-nigrum 116
Aminosäuren 84, 85, 86
Ammonium 84, 85, 111
Ammoniumnitrat 84
Ammoniumsulfat 46, 84, 86
Anbau 8, 9, 10, 13, 15, 16, 17, 18, 35, 36, 37, 38, 40, 41, 48, 51, 59, 73, 92, 96, 101, 107, 110, 113, 114, 115, 119, 120, 122, 128
Anbaufläche 15, 16, 17, 120
Anbauvoraussetzungen 35, 36
Angola 53, 54
Anomogyna dilucida 116
Anthocyanine 31, 32, 33, 46
Anthonomus musculus 102, 116
Anthraknose 103, 106, 117
Äpfelsäure 31, 33
Arbeitskräftebedarf 36
Archips rosana 102
Arctostaphylos uva-ursi 11
Aroga trialbama culella 116
Aromastoffe 24, 32
Ascorbinsäure 30
Atlantic 53
Atmungsrate 26
α-Tocopherol 30
Aurora 52, 96, 98
Austin 56
Aviator 58
Avonblue 57

B
Bacillus-thuringiensis 101
Bactrocera tryoni 102
Bain McFarlin 58
Ballenpflanzen 73, 107
Baumrindensubstrate 92
Bearberry 11
Beaver 58
Beckwith 58
Beckyblue 56
Befruchtung 13, 23, 24, 25, 89
Ben Lear 58
Benzoesäure 33, 34, 126
Bergman 56, 58
Berkeley 20, 29, 31, 47, 50, 51, 53, 55, 57, 68, 98
Bestäubung 12, 23, 95
Bewurzelung 37, 63, 64
Bienenvölker 23
Bilberry 9, 11
Biotin 33
Bittersalz 89
Black Veil 58
Bladen 57
Blattdüngung 91
Blätter 9, 10, 11, 12, 21, 22, 27, 44, 45, 64, 70, 84, 88, 89, 90, 91, 101, 114
Blattfläche 21, 26
Blattgehalte 82
Blattstecklinge 64
Blattvergilbungen 44
Blaubeere 9, 118
Blau-Weiß-Goldtraube 16, 53
Blau-Weiß-Rekord 53
Blau-Weiß-Zuckertraube 16, 53, 70
Bluebelle 56
Blueberry Leaf Mottle Virus 103
Blueberry Necrotic Shock Virus 103
Blueberry Red Ringspot Virus 103
Blueberry Scorch 103
Blueberry Shoestring Virus 103
Blueberry Stunt 103
Blueberry Witches Broom 103
Bluechip 53, 124
Bluecrop 20, 26, 38, 47, 48, 49, 50, 51, 53, 54, 57, 68, 70, 76, 77, 79, 98, 124, 126
Bluegem 56, 105
Bluegold 53
Bluehaven 53
Bluejay 53
Blueray 53, 124
Blue Ridge 57
Bluerose 53
Bluetta 29, 47, 48, 55, 98, 105
Blüte 9, 14, 22, 23, 24, 27, 28, 37, 39, 44, 46, 48, 49, 59, 66, 67, 83, 94, 97, 104, 106, 114, 115, 117
Blüteninduktion 22, 80
Blütenknospen 22, 23, 44, 45, 59, 66, 114
Blutzikade 104
Boden 19, 21, 27, 28, 35, 39, 40, 41, 42, 43, 44, 46, 72, 73, 74, 75, 78, 80, 81, 84, 85, 86, 87, 88, 89, 90, 91, 92, 93, 97, 101, 104, 105, 106, 107, 108, 109, 111, 112, 113, 114
Bodenaustausch 35, 75, 119, 121
Bodenbearbeitung 92
Bodendecker 11, 19, 118
Bodenfeuchte 22, 44, 109
Bodenluft 39, 44
Bodenpflege 92
Bodentriebe 19, 79, 80
Bodenverhältnisse 35, 41

Bog Blueberry 9
Bombus 24
Bonus 53
Bor 30, 83, 89, 90, 91
Botryosphaeria corticis 47, 103
Botryosphaeria dothidea 47, 103
Botrytis cinerea 103, 105, 125
Bounty 53
Brennfleckenkrankheit 106
Brightwell 56
Brigitta Blue 20, 51, 68, 71
Briteblue 56
Brooks 47, 53, 54, 55
Bugle 58
Burlington 52, 53

C

Cabot 53, 55
CA-Lager 36
CA-Lagerung 96, 126
Calypso 53
Canada Blueberry 10
Cape Fear 57
Centennial 58
Centerville 58
Centurion 56
Cercopsis vulnerata 104
Chandler 51, 98
Chanticleer 53
Charlotte 53
Chatsworth 53
Chelate 92
Chinasäure 31, 33
Chippewa 53
Chitin 43
Chlorid 33
Chlorogensäure 32
Chromafarbwert 31
Chromosomen 13
Chrysoteuchia topiaria 111, 116
Cingilia catenaria 102, 114, 116
Cirphis unipuncta 116
Clastoptera proteus 102
Climax 56
CN 58
CO_2-Konzentration 125
Colletotrichum gloeosporioides 103, 106, 117
Collins 53, 55, 57
Concord 53
Conotrachelus nenuphar 102
Constable's Blueberry 11
Container 59, 97
Containerkultur 35, 96, 112
Containerpflanzen 63, 73, 95, 107
Contarinia vaccinii 102, 104
Cooper 57
Coptodisca negligens 116
Corymbus 23
Coryneum microstictum 103
Coville 15, 47, 48, 51, 54, 55, 98
Crabbe 4 53, 55
Crambus hortuellus 116
Cranberry 14, 17, 27, 56, 67, 72, 102, 111, 114, 115, 116, 117, 118, 127, 128
Croatan 53, 54
Cropper 58
Crowley 58
Cutworms 114
Cyanidin 32
Cyanococcus 9

D

Dammkultur 75
Darrow 11, 47, 51, 98
Darrow's Blueberry 11
Dasyneura oxycoccana 102
Dasyneura vaccinii 116
Datana angusii 102
Datana drexelii 116
Dauerhumus 42
Deerberry 11
Delite 56
Denise Blue 50
Denitrifikation 84, 85
Dichtpflanzungen 48, 77
Dickmaulrüssler 101
Diploid 13
Direktverkauf 120
Direktvermarktung 121
Dixi 49, 52, 53, 55
Dolde 23
Doldentraube 22
Dormanz 37
Dothichiza caroliniana 103
Draper 47, 50, 98
Drosophila suzukii 104
Dryland Blueberry 11
Duke 20, 29, 49, 50, 66, 68, 77, 98
Dunfee 53
Düngeraufwand 82
Düngung 46, 82, 84, 85, 87, 110
Dysmicoccus vaccinii 102

E

Earliblue 38, 47, 48, 49, 50, 53, 54, 55, 57, 98
Early Blacks 56, 58
Eisen 30, 33, 83, 85, 90, 91
Eisenmangelsymptome 71, 90
Elizabeth 52, 54, 98
Ellagsäure 33, 34
Elliott 11, 26, 52, 96, 98
Elliott's Blueberry 11
Ematurga amitaria 116
Endfäule 118
Energie 30, 33
Ericaceen-Mykorrhiza 44
Eriophyes vaccinii 102
Ernährung 14, 25, 29, 83, 85
Ernte 18, 25, 26, 36, 50, 51, 52, 57, 68, 95, 96, 97, 100, 107, 112, 113, 121, 124, 125
Erntehelfer 36, 100
Erntekampagne 36
Erntemaschinen 98, 113
Ertragspotenzial 28, 47, 112
Ethel 56
Ethylen 26
European Cranberry 9
Euvaccinium 9
Evelyn 54
Evergreen Huckleberry 11
Exobasidium vaccinii 103, 117

F

False Blossom 115
Farbstoffe 31, 90, 109
Farbwechsel 24
Fertigation 83
Fett 14, 30, 33
Fimbriaphis fimbriata 104
Fireworms 114
Flachwurzler 38, 80, 92

Flavonoide 34
Flavonole 32, 33
Flordablue 57
Folie 94, 97, 108, 126
Folientunnel 64, 70, 95
Folsäure 30
Formierung 78, 108
Franklin 58
Frankliniella vaccinii 102
Fraser 54
Fremdbefruchtung 23, 52
Friendship 54
Frischhaltung 124
Frischmasse 21, 30, 32, 33, 82
Frost 27, 37, 112
Frosthärte 12, 38
Frostschäden 37, 38, 40, 95, 108, 112
Frostschutz 94, 97
Frucht 10, 23, 24, 25, 26, 28, 31, 58, 66, 67, 104, 114, 121, 124, 125
Fruchtansatz 23, 27, 28, 29, 39, 45, 67, 77, 78, 84, 87, 97, 109
Fruchteigenschaften 31, 34, 46, 47, 48, 49, 50, 51, 52
Fruchtentwicklung 25, 80, 89
Fruchternte 72
Fruchtfäule 103, 105, 106, 117, 124
Fruchtfleisch 9, 10, 26, 28, 66
Fruchtfleischfestigkeit 31, 88
Fruchtgröße 26, 27, 34, 41, 46, 66, 67, 78, 84, 111, 123
Fruchtmonilia 106
Fruchtmumien 103, 106, 118
Fruchtqualität 12, 29, 40, 44, 78, 88, 94, 96, 109
Fruchtreife 22, 24, 25, 28, 48, 49, 50, 51, 52, 59, 95
Fruchtriegel 127
Fruchtsaft 17
Fruchtschale 24, 31, 32, 118, 125
Fruchtwachstum 24, 25
Fructose 31
Frühjahrsaustrieb 37, 73
Fruitworms 114

G

Galerucella vaccinii 102
Gallsäure 31
Gefäßversuch 84
Gelbliche Heidelbeerblattlaus 104
Gelechia trialbamaculella 102
Gemeine Bärentraube 11
Georgiagem 57
Gesamtsäure 31, 34
Gewächshaus 62, 63, 64, 95
Gewebekulturpflanzen 64
Gibbera compacta 117, 118
Gibberellinsäuren 97
Gila 54
Gloeocercospora inconspicua 103
Gloeosporium minus 103
Glomerella cingulata vaccinii 117, 118
Glucose 31
Godronia cassandrae 71, 103, 106, 118
Godronia-Triebsterben 106
Grabenkultur 75
Graseinsaat 92
Greenfields 54
Greta 54
Grover 47, 54
Grünstecklinge 59
Guignardia vaccinii 117
Gulfcoast 57, 95

H

Hairy Blueberry 11
Half-High Highbush Blueberries 10
Handernte 98, 100
Haploid 13
Harding 54
Hardyblue 54
Harnstoff 84, 85, 87, 111
Harnwegsinfektionen 34
Harrison 54
Hauptblüte 23, 39
Heerma 53, 54
Heermann 14, 16
Hemadas nubilipennis 102
Hemmstoff 37
Herbert 54
Hexaploid 9, 13
Hofladen 36, 122, 123
Holzhäcksel 92
Honigbienen 23
Hortblue Poppins 54
Howes 56, 58
Hummeln 23, 24, 28, 67
Humus 41, 42
Humusgehalt 42
Huron 54
Hyphantria cunea 102

I

Indolylessigsäure 37
Inhaltsstoffe 24, 29
Ivanhoe 49, 50, 54, 55, 57

J

Jersey 15, 16, 18, 47, 50, 51, 52, 53, 54, 58
Jod 33
Johnston 54
Jubilee 57
June 47, 50, 53, 54, 55

K

Käfer 101
Kalium 30, 33, 83, 88, 89
Kaliummangel 88, 89
Kaliumnitrat 87
Kältebedürfnis 10, 11, 12, 36, 37, 39, 46, 49, 60, 95
Kalzium 30, 33, 83, 88
Kalziummangel 88
Kaninchen 105
Kaninchenäugige Heidelbeere 10
Katharine 52, 54, 55
Kenafter 54
Kengrape 54
Kenlate 54
Kinikinik 11
Kirschessigfliege 104
Kleiner Frostspanner 101
Klimakterische Früchte 26
Klimazone 36
Kohlenhydrate 30, 33, 38, 42
Kosten 75, 76, 78, 100, 121, 122
Kranichbeere 14, 28

Krankheiten 29, 45, 46, 47, 78, 100, 101, 103, 105, 115, 117
Kronsbeere 9
Kupfer 30, 83, 90, 91

L

Lagerung 118, 122, 124, 127
Langzeitdünger 97
Larven 101, 104, 111, 114
Laspeyresia packardi 102
Late Blue 38, 50, 51, 54
Lecanium nigrofasciatum 104
Legacy 54
Liberty 52, 98
Liebster 14, 40
Lingonberry 9
Little Giant 54
Lowbush Blueberry 10, 11, 12
Low Huckleberry 11
Low Sugar Blueberry 10
Lulu 54
Lymantria dispar 102, 115

M

Macrosiphum solanifolii 102
Magnesium 30, 33, 45, 83, 88, 89
Magnesiummangel 89
Magnesiumsulfat 89
Magnolia 57
Malacosoma americana 102
Malacosoma distria 102
Mangan 30, 33, 46, 83, 90, 91
Manganmangel 91
Marimba 57
Maru 54, 56
Maschinenernte 100
McFarlin 58
Meader 54
Megasblue 54
Melolontha melolontha 105
Metallic Bell 58
Microsphaera alni 103
Middleboro 58
Middlesex 58
Mikroelemente 90, 91
Mikroorganismen 34, 42, 84, 85, 101, 124
Mineola vaccinii 102
Misty 57
Modified Atmosphere Packaging 126
Molybdän 83, 91
Monilia oxycocci 117
Monilia vaccinii-corymbosi 103, 106, 117, 118
Moorbeere 9
Moosbeere 9, 27, 118
Morrow 54
Mountain Blueberry 11
Mulch 92, 93
Mulchmaterialien 77, 92
Mulchschicht 38, 87
Murphy 53, 55, 56
Müsli 127
Mycrosphaerella nigromaculans 117
Mykorrhiza 27, 40, 42, 43, 44, 85, 86, 87, 91

N

Naevia oxycocci 117
Nährhumus 42
Nährstoffaufnahme 42, 85
Nährstoffe 41, 43, 44, 45, 81, 83, 89, 97, 111
Nährstoffgehalte 43, 46, 81, 82, 83, 94, 110
Nährstoffversorgung 45, 80, 91, 96, 109, 110
Natrium 30, 33
Nektar 24, 28
Nelson 20, 50, 68
Neopareophora litura 102
Netze 23, 105
Niacin 30
Niedermoore 40
Niederschläge 39
Nitrat 84, 85, 111
Nitrifikation 84
Nitrifikationshemmstoffe 85
Nitrobacter 84
Nitrosomas 84
Nocardia vaccinii 103
Noctua anchocelioides 102
Northblue 55
Northcountry 55
Northern Highbush Blueberry 12
Northland 47, 55
Northsky 55
Nui 20, 22, 49, 68, 98
Nutzungsdauer 73, 77

O

Oberea myops 102
Obstbetrieb 120
Ochlockonoe 56
Off-Season Früchte 17
Olympia 55
O'Neal 57
Operophtera brumata 101
ORAC 31, 32
Organische Substanz 41, 42
Otiorhynchus sulcatus 101, 116
Ovale Schildlaus 104
Oval-leaf Blueberry 11
Oxycoccus 9
Ozarkblue 48, 57

P

Pantothensäure 30, 33
Patriot 49, 57, 98, 105
Pearl River 57
Pemberton 55
Pemmikan 14
Pender 55
Penicillium 117
Pestallozia vaccinii 117
Pflanzabstand 75, 77
Pflanzdichte 77
Pflanzmaterial 59, 73, 75, 77, 107, 115
Pflanzung 35, 73, 75, 77, 83, 93, 96, 105, 107, 108, 112, 119, 120, 123
Pflückleistung 36
Phalera bucephala 102
Phenole 31, 32
Phenolsäure 34
Phoma 117
Phomopsis vaccinii 103
Phosphor 30, 33, 43, 83, 87, 88
Phosphormangel 87
pH-Wert 11, 31, 40, 41, 46, 75, 81, 87, 88, 90, 93
Phyllopertha horticola 102
Phyllosticta vaccinii 103

Phytophtora 45, 103, 105, 113, 117
Phytoplasma 103, 115
Pilgrim 14, 56, 58
Pink Lemonade 56
Pioneer 47, 50, 51, 52, 53, 54, 55, 57
Ploidie 13
Polaris 55
Pollen 24, 28
Polyphenole 30
Polyploidie 13
Popillia japonica 102
Powderblue 56
Preiselbeere 9, 118
Preistendenz 120
Premier 54, 55, 56
Pristiphora idiota 102
Proanthocyanidin 34
Protein 30, 33
Protoventuria barriae 117
Pseudanthonomus validus 102
Pseudomonas andropogonis 103
Pseudotracylla falcata 117
Psilocybe agrariella 117
Pucciniastrum goeppertianum 103
Pucciniastrum myrtilli 103
Puru 21, 29, 49, 68, 79, 98
Pyrrhalta vaccinii 102

Q
Quadraspidiotus perniciosus 102
Quercetin 32

R
Rabbiteye 10, 12, 15, 37, 39, 41, 48, 54, 55, 56, 57, 95, 105
Rabbiteye Blueberry 10, 12, 15
Rahi 55, 56
Rainiers Blueberry 11
Rancocas 54, 55
Ranken 27, 56, 72, 108, 111, 113, 115
Rauschbeere 9
Red Blueberry 11
Reif 24, 25, 98
Reife 24, 26, 28, 38, 46, 52, 58, 95, 97, 106, 124
Reifestadien 25, 26
Reifezeit 12, 35, 47, 48, 56, 58
Reihenabstand 75, 76
Reka 21, 29, 48, 68, 98
Reservestoffe 37, 38
Respiration 26
Reveille 57
Rezin 58
Rhagoletis mendax 102
Rhagoletis pomonella 102
Rhizopus nigricans 125
Rhizopus-Weichfäule 125
Rhode Island 58
Riboflavin 30, 33
Richmond 55
Rindenbrand 47, 103
Rindenmaterial 42
Ropobota naevana 114
Rubel 38, 47, 53, 54, 55
Ruhephase 36, 37, 38, 95
Russel 54, 55

S
Saccharose 31
Saftausbeute 34
Sägemehl 64, 92, 93, 96
Sägespäne 42, 94
Sam 55
Samenanlagen 23, 24
Sämlinge 59
Sampson 57
Sauerstoffradikale 31
Säure 26, 29, 30, 31, 34, 125
Scammel 52, 55
Scaphytopius magdalensis 102
Schädlinge 46, 78, 100, 101, 102, 105, 114, 115, 116
Schizura concinna 102
Schnitt 36, 49, 62, 78, 79, 80, 108
Schwefel 33, 75, 83, 89
Schwefelblüte 75
Schwefelmangel 89
Sclerotinia oxycocci 117
Searles 58
Seitentriebe 66, 78
Selbstpflücke 121, 122
Selen 30
Septoria albopunctata 103
Sharpblue 57, 95
Shaw's Success 58
Shiny Blueberry 11
Sierra 13, 14, 55
Skorbut 14
Sonnenbrand 118
Sonnenlicht 40
Sonnenscheindauer 40
Sooy 47, 54, 55
Sortenwahl 35, 36, 47, 73
Southeastern Highbush Blueberry 10, 12
Spanworms 114
Sparganothis sulfureana 102, 116
Sparkleberry 11
Spartan 21, 22, 29, 48, 66, 68, 93
Spätfrostbekämpfung 80
Spätfröste 27, 35, 94
Spitzendürre 117, 118
Sporonema oxycocci 117
Sprühnebelanlage 64
Square-twig Blueberry 11
Ständer 27
Standortbedingungen 35, 40, 77
Standorteignung 35
Standortfaktor 40
Stankovich 58
Stanley 47, 48, 50, 51, 53, 54, 55
Star 57
Staunässe 39, 44, 45
St. Cloud 55
Steckhölzer 59, 60, 62, 63, 64
Stecklinge 37, 108
Stevens 58
Stickstoff 43, 59, 83, 84, 85, 86, 87, 94
Stickstoffgabe 87
Stickstoffmangel 71, 84, 87, 111
Stomata 21
Stress 29, 31
Stresstoleranz 38
Substrat 59, 62, 64, 75, 97, 119, 121
Südliche Hochbusch-Heidelbeeren 10
Summit 57
Sunrise 55

Sunshineblue 57
Superior 55
Synchytrium vaccinii 117

T

Tageslänge 37
Tausend(1000)-Samengewicht 31
Taylor 53, 55
Temperatur 27, 36, 39, 44, 64, 124, 125, 126
Tetraploid 9, 13
Thiamin 30, 33
Tiefkühlware 127
Tifblue 56, 105
Titanium 55
Topfpflanzen 60
Torf 42, 59, 64, 74, 92, 93, 94, 96, 119, 121
Toro 50, 98
Triebspitzengallmücke 102, 104
Triebstecklinge 59, 108
Triploid 13
Trockenheit 27, 38, 39, 44
Trockensubstanz 25, 31, 34, 46, 81, 82, 110
Tropfbewässerung 80, 122
Tropfbewässerungsanlage 97
True-Blue 55

U

Überdachung 96
Überflutungstoleranz 45
Überkronenregner 80
Unkraut 92, 93
Unkrautkonkurrenz 92, 108, 111
Upland Highbush Blueberry 11

V

Vaccinium 8, 9, 10, 11, 12, 13, 14, 15, 16, 17, 18, 19, 23, 27, 29, 31, 36, 37, 39, 40, 41, 44, 45, 46, 47, 57, 59, 62, 73, 74, 86, 89, 118, 119, 120
Vaccinium alto-montanum 11
Vaccinium arboreum 11
Vaccinium ashei 10, 13, 15, 37
Vaccinium australe 10, 12
Vaccinium constablaei 11
Vaccinium darrowii 11
Vaccinium deliciosum 11
Vaccinium elliottii 11
Vaccinium hirsutum 11
Vaccinium lamarckii 10, 12
Vaccinium macrocarpon 14, 44
Vaccinium membranaceum 11
Vaccinium myrsinites 11
Vaccinium myrtilloides 10
Vaccinium myrtillus 8, 9, 31, 40, 62, 118, 119
Vaccinium ovalifolium 11
Vaccinium ovatum 11
Vaccinium oxycoccus 9, 17, 27
Vaccinium pallidum 11, 12
Vaccinium parvifolium 11, 118
Vaccinium simulatum 11
Vaccinium stamineum 11
Vaccinium vacillans 11
Vaccinium vitis-idaea 8, 9, 118
Vaccinium vitis-idaea minus 118
V. angustifolium 10, 12, 32, 54, 55
V. atrococcum 12
V. australe 12, 55
V. brittonii 12
V. caesariense 12
V. darrowi 57
Velvet Leaf Blueberry 10
Verarbeitung 57, 99, 113, 123, 124, 127, 128
Verbreitungsgebiet 36
Verfrühung 23, 95, 96
Verjüngung 19, 78, 80
Vermarktung 29, 123
Vermehrung 34, 37, 59, 62, 64, 70
Vernalisation 59
Verspätung 78, 95
Vertragsanbau 120
Verzwergungskrankheit 47, 103
Vitamin A 30, 33
Vitamin B_1 30, 33
Vitamin B_2 30, 33
Vitamin B_6 30, 33
Vitamin C 30, 33
Vitamine 29
Vitamin E 30
Vitamin H 33
V. lamarckii 12, 16, 53
V. marianum 12
Vögel 72, 105
V. simulatum 12

W

Wachsschicht 24, 65, 124
Wachstum 19, 21, 22, 24, 28, 37, 40, 41, 42, 43, 44, 77, 78, 80, 81, 84, 90, 94, 107, 108, 109, 111
Wachstumsregulatoren 97
Wachstumsrhythmus 37
Waldboden 35
Waldheidelbeere 9, 13, 26, 118
Wareham 51, 53, 55, 57
Wasseraufnahme 21, 73
Wassermangel 44, 80
Wasserverfügbarkeit 35
Wasserversorgung 25, 64, 80, 110
Weymouth 47, 48, 53, 55
Whortleberry 9
Wilcox 58
Wild 105
Wind 40, 94
Winterruhe 10, 37
Wolcott 55, 57
Woodard 56
Wooly Berry 11
Wuchshöhe 12, 19
Wühlmäuse 94, 105
Wurzelhaare 21, 27, 42
Wurzelsystem 19, 21, 42, 44, 109
Wurzelwachstum 21, 42, 73, 93

Z

Zellulose 30, 33
Zink 30, 33, 83, 85, 91
Zitronensäure 26, 30, 31, 33
Züchtung 13, 46, 47, 59, 101, 105
Zweigkrebs 47, 103
Zweigsterben 103, 105
Zwergpreiselbeere 118

Titelfoto: Georg Ebert

Die in diesem Buch enthaltenen Empfehlungen und Angaben sind von der Autorin/vom Autor mit größter Sorgfalt zusammengestellt und geprüft worden. Eine Garantie für die Richtigkeit der Angaben kann aber nicht gegeben werden. Autorin/Autor und Verlag übernehmen keine Haftung für Schäden und Unfälle. Bitte setzen Sie bei der Anwendung der in diesem Buch enthaltenen Empfehlungen Ihr persönliches Urteilsvermögen ein. Der Verlag Eugen Ulmer ist nicht verantwortlich für die Inhalte der im Buch genannten Websites.

Bibliografische Information der Deutschen Nationalbibliothek
Die Deutsche Nationalbibliothek verzeichnet diese Publikation in der Deutschen Nationalbibliografie; detaillierte bibliografische Daten sind im Internet über http://dnb.d-nb.de abrufbar.

Wollgrasweg 41, 70599 Stuttgart (Hohenheim)
E-Mail: info@ulmer.de
Internet: www.ulmer.de
Lektorat: Dr. Angelika Jansen, Birgit Schüller
Herstellung: Isabell Scherrieble
Umschlagentwurf: Verlag Eugen Ulmer
Satz: r&p digitale medien, Echterdingen
Druck und Bindung: Friedrich Pustet, Regensburg
Printed in Germany

ISBN 978-3-8001-0850-3